国家示范（骨干）高职院校建筑工程技术重点建设专业成果教材

砌体结构工程施工

■ 李兴怀　编著

U0249828

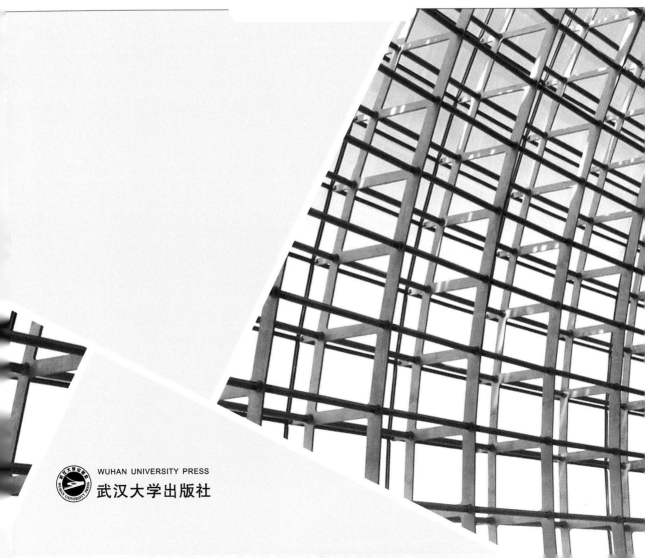

WUHAN UNIVERSITY PRESS
武汉大学出版社

图书在版编目(CIP)数据

砌体结构工程施工/李兴怀编著.—武汉:武汉大学出版社,2013.7
国家示范(骨干)高职院校建筑工程技术重点建设专业成果教材
ISBN 978-7-307-11068-7

Ⅰ.砌…　Ⅱ.李…　Ⅲ.砌体结构—工程施工—高等职业教育—教材
Ⅳ.TU36

中国版本图书馆 CIP 数据核字(2013)第 125448 号

责任编辑:胡　艳　　　责任校对:黄添生　　　版式设计:马　佳

出版发行:**武汉大学出版社**　(430072　武昌　珞珈山)
　　　　(电子邮箱:cbs22@whu.edu.cn 网址:www.wdp.com.cn)
印刷:湖北金海印务有限公司
开本:787×1092　1/16　印张:8.5　字数:204 千字　　插页:1
版次:2013 年 7 月第 1 版　　2013 年 7 月第 1 次印刷
ISBN 978-7-307-11068-7　　定价:23.00 元

前　言

　　"砌体结构工程施工"是高职建筑工程技术专业的主要的职业技术课之一,它主要研究砌体结构工程主要工种的施工工艺、施工方法、施工技术、施工组织和施工过程。本教材主要介绍的内容是从工程中标之后,就可以着手组织的工程施工,施工主要的程序为:施工图纸会审、技术资料准备(施工规范等)、施工物资准备、施工放线、施工交底、组织施工、施工验收等环节。

　　"砌体结构工程施工"课程实践性强、涉及知识面广、综合性强,因此,教材在编写时必须结合现阶段施工一线的实际情况,综合运用有关学科的基本理论和知识,采用新技术和现代科学成果,解决生产实践问题,强调基本理论、基本原理和基本方法的学习和应用。2002年更新后的建筑施工规范强调了施工过程的"验评分离、强化验收、完善手段、过程控制"的工程施工质量控制方针,本教材按照现行施工规范编制,相应地增加了工程施工质量验收标准和方法,并对各主要工种的施工工艺、施工技术和方法进行了详细的介绍,强调了保证施工质量、施工安全的措施。

　　本教材由李兴怀主编和统稿,在教材编写过程中,得到校企合作企业山河建工集团等施工单位的大力帮助,在此表示衷心感谢。

　　限于编者的水平,书中难免有不足之处,恳切希望读者批评指正。

编　者

2013 年 4 月

目　录

绪　　论

一、课程的研究对象和任务

建筑业在国民经济发展和全面建设小康社会中起着举足轻重的作用，一方面，从国民经济发展来看，国家用于建筑安装工程的资金约占基本建设投资总额的60%；另一方面，建筑业的发展对其上、下游行业起着重要的促进作用，每年消耗大量的钢材、水泥以及其他大量的地方性建筑材料，要消耗大量的人力，这些人力主要来源于农民工，为我国的农民工增收和城镇化建设创造了必要的条件。

一栋建筑物的施工是一个复杂的生产过程。为了便于组织施工和验收，常将建筑物的施工过程划分为若干分部和分项工程。一般，对民用建筑，按工程的部位和施工的先后顺序，将一栋建筑物的土建划分为地基基础工程、主体结构工程、屋面工程、建筑装饰装修工程四个分部。本课程主要是围绕砌筑工程（属于主体结构工程）来介绍的。对砌筑工程的施工，根据工程的大小、复杂程度等，可以采用不同的施工方案、施工技术和机械设备以及不同的劳动组织和施工方法来完成。本课程主要以砖砌体施工为主线，全面系统地介绍了砖砌体、砌块砌体、石砌体的施工技术、施工方法、施工工艺以及施工的准备与验收等过程，本课程还介绍了保证工程质量、施工安全和施工工期的措施。

二、课程的学习要求和方法

施工技术是一门综合性很强的职业技术课，它与建筑材料、建筑构造、建筑测量、建筑力学、地基与基础、施工组织与管理等课程关系重大，它们既相互联系，又互相影响，因此，要学好本课程，还应学好以上相关课程。

高职学生的学习要强调职业能力的培养，这种能力在教学过程中如何体现，是一个大问题，因此，本教材把课程的教学分为室内部分和室外部分，教学过程中必须重视室外部分的教学，才能完成能力的培养。

由于本学科涉及的知识面广、实践性强，学习过程中必须理论联系实际，除了在课堂上讲授基本的理论、基本知识外，还应该注重技能训练课的教学环节，让学生在"做中学"，因为，经验只有在实际生活中才能发生、才能改造，学生只有在行动中、在实践中、在与环境的相互作用中才能真正地成长，才能获得能力。

学习情境一　砖砌体结构施工

【学习目标】　学生通过砖砌体结构施工的学习，掌握砖砌体结构工程施工准备及施工的程序，要达到熟悉施工工序、施工工艺的目的，会进行图纸会审，能进行施工测量放线，能组织施工等。

【学习要求】　要求学生在学习的过程中要有从教室的理论学习到实训室的现场操作的完整过程，并且要有记载，要求学生首先学习有关砖砌体结构过程施工的理论，包括施工工艺、施工过程、施工的对象、使用的工具等。

要求老师从理论教学到现场实训全程指导，实训要有场地，有方案，并且是完整的施工过程，施工过程要有详细的记载。

【学习重点】
1. 材料质量的控制要点；
2. 砖砌体的组砌方式；
3. 砌筑施工要点；
4. 施工安全技术；
5. 施工验收。

【学习难点】
1. 施工质量控制要点；
2. 砖砌体的施工质量标准；
3. 施工验收。

任务一　施工图纸会审

在建筑工程中标之后，就可以着手组织工程的施工，施工主要的程序为：

(1)组织技术人员熟悉施工图纸，领会设计意图，进行图纸会审和图纸设计交底，并做好施工技术交底。

(2)检查规划红线桩，引出控制桩，建立现场测量控制网，并且校核，做到准确无误。

(3)编制施工图预算，做好供材分析，提出各种材料的需求量汇总表。

(4)编制施工组织设计，根据该工程特点，编制具有针对性的技术方案和安全方案。

(5)组织人员落实好原材料的订购计划和供应计划，做好门窗等半成品的供求计划及相应的各类技术文件。

(6)制订施工进度网络计划，标明关键线路，将主要责任落实到人，保证关键工序的顺利进行，使网络计划顺利进行下去。

(7)工程完工后,进行验收、结算等工作。

下面做具体介绍。

一、施工图纸会审

(一)施工图纸会审

图纸会审是指工程各参建单位(建设单位、监理单位、施工单位)在收到设计院施工图设计文件后,对图纸进行全面细致的审核,审查出施工图中存在的问题及不合理情况,并提交设计院进行处理的一项重要活动。图纸会审由建设单位负责组织并记录。通过图纸会审,可以使各参建单位、特别是施工单位熟悉设计图纸,领会设计意图,掌握工程特点及难点,找出需要解决的技术难题,并拟定解决方案,从而将因设计缺陷而存在的问题消灭在施工之前。

(二)图纸会审的目的

(1)使施工单位和各参建单位熟悉设计图纸,了解工程特点和设计意图,找出需要解决的技术难题,并制定解决方案。

(2)为了解决图纸中存在的问题、减少图纸的差错,将图纸中的各种隐患消灭在萌芽之中。

(三)图纸会审的内容

(1)是否无证设计或越级设计,图纸是否经设计单位正式签署。

(2)地质勘探资料是否齐全。

(3)设计图纸与说明是否符合当地要求。

(4)设计地震烈度是否符合当地要求。

(5)几个设计单位共同设计的图纸相互间有无矛盾,专业图纸之间、平立剖面图之间有无设计矛盾,标注有无遗漏。

(6)总平面与施工图的几何尺寸、平面位置、标高等是否一致。

(7)节能、防火、消防是否满足。

(8)建筑结构与各专业图纸本身是否有差错及矛盾,结构图与建筑图的平面尺寸及标高是否一致,建筑图与结构图的表示方法是否清楚,是否符合制图标准,预埋件是否表示清楚,有无钢筋明细表,钢筋的构造要求在图中是否表示清楚。

(9)施工图中所列各种标准图册施工单位是否具备。

(10)材料来源有无保证,能否代换;图中所要求的条件能否满足;新材料、新技术的应用是否有问题。

(11)地基处理方法是否合理,建筑与结构构造是否存在不能施工、不便于施工的核技术问题,或容易导致质量、安全、工程费用增加等方面的问题。

(12)工艺管道、电气线路、设备装置、运输道路与建筑物之间或相互间有无矛盾,布置是否合理。

(13)施工安全、环境卫生有无保证。

(14)图纸是否符合监理大纲所提出的要求。

(四)图纸会审的一般程序

业主或监理方主持人发言→设计方图纸交底→施工方、监理方代表提问题→逐条研究→形成会审记录文件→签字、盖章后生效。

（1）图纸会审前必须组织预审。审阅图中发现的问题应归纳汇总，会上派一名代表主发言，其他人可视情况做适当解释、补充。

（2）施工方及设计方专人对提出和解答的问题做好记录，以便查核。

（3）整理成图纸会审记录，由各方代表签字盖章认可。

（五）图纸会审的参加单位

图纸会审由监理单位负责组织，建设单位、施工单位、设计单位等相关建设单位参加。

任务二 施工准备工作

对照施工图纸和施工合同进行施工准备（施工机械、劳动力、物资计划），施工组织设计等。

一、技术准备

（1）项目部配备。根据工程大小，一般配备施工工程师，测量工程师，施工员、安全员、造价员（成本员）、质检员、材料员等若干名。

（2）编制中标后施工组织设计。施工组织设计是根据业主和设计方案对工程建设的要求，从工程实施的全过程中的人力、物力和空间等要素着手，在人力与物力，主体与辅助，各专业之间的协作以及空间布置与时间安排等方面进行科学的合理的预期安排和布置，为建筑产品生产的节奏性、均衡性和连续性提供最优方案，从而以最少的资源消耗取得最大的经济效果。它也是对工程实施全过程实行科学管理的重要手段，通过对施工组织的编制，可以全面考虑工程实施全过程的各种施工条件，扬长避短，合理拟定施工方案，确定施工顺序、施工方法、劳动组织和技术经济的组织措施，合理地统筹安排拟定施工进度计划，保证工程按期交付使用。它可以使施工企业提前掌握人力、材料和机具使用的先后顺序，合理安排资源的供应与消耗，合理地确定临时设施的数量、规模和用途。通过施工组织的编制还可以预计施工过程中可能发生的各种情况，可能涉及的新技术、新方法等，为施工企业实施施工准备工作做好预测、试验和施工计划提供依据。

（3）组织现场施工人员熟悉和审查施工图纸及有关技术措施，编制有关实施方案，在施工审定的基础上，技术人员要将工程概况、施工方案、技术措施及特殊部位的施工要点、注意事项等向全体施工人员作详细的技术交底，做到按设计施工图、规范和施工方案施工。

（4）认真学习施工图纸，会同设计单位、建设单位及监理单位进行图纸会审，做好图纸会审记录，作为施工依据。

（5）培训施工人员掌握新工艺、新技术，重要工种和特殊工种施工人员需经培训考核合格后方可上岗。按计划组织高级技工、技工、普工等人员。

（6）按施工平面布置图搭设临时设施，布置施工机具，做好场内施工道路、水电畅通，做好各种施工机械的维护保养工作，并对全体施工人员进行全面质量管理及安全教育。

（7）土建与各专业要互相协调施工进度计划，以便紧密配合，按计划完成各施工任务，做到互不影响，确保施工总进度。

二、施工机具准备（具体见任务六）

（1）垂直、水平运输机械（手推车、井架、龙门架等）。

（2）混凝土施工机械。

（3）钢筋制作及连接机械钢筋制作机械包括切断机、弯曲机、调直机、焊接机械。

（4）模板加工机械准备，包括：电锯、电刨、电钻等。

三、物质条件准备（具体见任务六）

由于施工材料的供应及时与否对于工程施工进度非常重要，在施工过程中要严格根据施工进度安排组织好材料的进场与检验工作（其中包括进场前的样品送检等）。

四、施工临时用水、水源选择及临时给水系统

一般工程现场用水分为施工用水、施工机械用水、生活用水和消防用水四部分。

为了保证安全生产、文明施工，依据 JGJ46-88 建设部颁发施工现场临时用电安全技术规范及现场实际情况编制。

五、配电线路设计

1. 低压配电线路形式选择

采用分支电线到各楼层。

2. 基本保护系统

按照《施工现场临时用电安全技术规范》（JGJ46—2005）规定，施工现场变压器低压侧中性点直接接地，在三相五线制临时用电工程中，必须采用具有专用保护零线的 TN-S 接零保护系统，并在专用保护零线上做不少于三处的重复接地。

六、配电箱设计

配电箱均采用角钢和钢板现场加工配电箱，但绝对要符合 JGJ46-88 施工现场临时用电安全技术规范要求。

七、施工现场接地装置

（1）本工地施工用电主干线为三相五线制，在总配电箱处增设人工接地极，人工接地极利用 40×40×4 的角钢埋入地下，埋深大于 0.7 m，要求接地电阻不大于 10 Ω。

（2）发电机处增设独立的人工接地极。

（3）所有配电箱外壳和施工机具的金属外壳都应与 PE 线连接。

八、防雨、防汛和消防准备

施工期间，要注意做好雨季施工和防汛的准备工作。

（1）机械设备要备齐自身的避雷装置，直接引入建筑物本身的接地体。

（2）浇灌混凝土时突遇大雨，应在大雨来临前搭好防雨棚，防止雨水冲刷混凝土。雷雨到来之前要及时安排作业人员撤离到安全区，注意保护好电源设备，并作好设备、机具的防雨工作。

任务三　施工交底

详细内容可见附录一，担任课程的老师可以根据具体的施工图纸有选择地进行教学。

任务四　施工测量

施工测量主要包括施工放线、高程传递、轴线控制、沉降观测等工作。

一、施工放线

（一）含义

施工放线（测设或放样）是将图纸上设计的建筑物的平面位置、形状和高程标定在施工现场的地面上，在施工过程中指导施工，使工程严格按照设计的要求进行建设。

（二）施工放线的仪器

主要仪器有水准仪、经纬仪、全站仪、罗盘仪、GPS 等仪器。

（三）施工放线步骤

通过施工部署、制定测量放线方案，从施工流水的划分、开工次序、进度安排和施工现场暂时工程布置情况等方面，了解测量放线的先后次序、时间要求以及测量放线人员的安排。

根据现场施工总平面与各方面的协调，选好点位，防止事后相互干扰，以保证控制网中主要点位能长期稳定地保留。

根据设计要求和施工部署，制定切实可靠的测量放线方案。根据场地情况、设计与施工的要求，按照便于控制全面又能长期保留的原则，测设场地平面控制网与标高控制网。

各分项工程在测量放线后，应由测量工程师及专职质检员验线，以保证精度、防止出错。

施工放线主要由施工现场负责技术的施工员或者技术员进行，项目经理应该进行复核，并填写施工定位测量、放线记录单，施工项目监理部的监理工程师也应该进行复核。

根据场地上民用建筑主轴线控制点或其他控制点，首先，将房屋外墙轴线的交点用木桩测定于地上，并在桩顶钉上小钉作为标志。房屋外墙轴线测定以后，再根据建筑物平面图，将内部开间所有轴线一一测出。然后，检查房屋轴线的距离，其误差不得超过轴线长度的 1/2000。最后，根据中心轴线，用石灰在地面上撒出基槽开挖边线，以便开挖。施工开槽时，轴线桩要被挖除。为了方便施工，在一般民用建筑中，常在基槽外一定距离处钉设龙门板。钉设龙门板的步骤和要求如下（图 1-1）。

（1）在建筑物四角与内纵、横墙两端基槽开挖边线以外 1～1.5m（根据土质情况和挖槽深度确定）处钉设龙门桩，龙门桩要钉得竖直、牢固，木桩侧面与基槽平行。

（2）根据建筑场地水准点，在每个龙门桩上测设 ±0 标高线。若现场条件不许可，也可测设比 ±0 高或低一定数值的线，如高或低 1m 或 0.5m，但同一建筑物最好只选用一个标高；如地形起伏，选用两个标高时，一定要标注清楚，以免使用时发生错误。

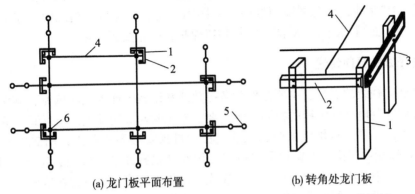

(a) 龙门板平面布置　　　　(b) 转角处龙门板

1—龙门桩；2—龙门板；3—轴线钉；4—线绳；5—引桩；6—轴线桩

图 1-1　龙门板设置

(3) 沿龙门桩上测设的高程线钉设龙门板，这样，龙门板顶面的标高就在一个水平面上了。龙门板标高的测定允许偏差为±5mm。

(4) 根据轴线桩，用经纬仪将墙、柱的轴线投到龙门板顶面上，并钉小钉标明，称为轴线钉。投点允许偏差为±5mm。

(5) 用钢尺沿龙门板顶面检查轴线钉的间距，其相对误差不应超过 1/2000。经检核合格后，以轴线钉为准，将墙宽、基槽宽标在龙门板上，最后根据基槽上口宽度拉线撒出基槽开挖灰线。开挖基坑基槽的过程中，应时刻注意开挖标高的控制，用水准仪控制基槽开挖深度示意图，如图 1-2 所示。

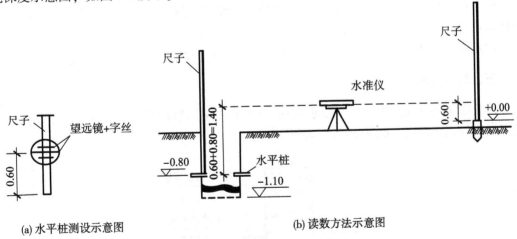

(a) 水平桩测设示意图　　　　(b) 读数方法示意图

图 1-2　坑槽开挖标高控制示意图

二、主轴线的控制

根据本工程的实际情况，建立一个方格网。在建立方格网的过程中，点位布置要考虑便于方格网测量和施工定线需要，布设在建筑周围、次要通道或空隙处，以便长期保存。

在标桩的顶端安装一块 10cm×10cm 的钢板，钢板下面焊有锚固钩，然后将其埋固于桩身混凝土中。标板上最后标定点位时，在钢板上钻一个直径为 1~2mm 的小孔，通过中心区画一个"十"字线，小孔周围用红漆画一圆圈，使点位醒目。施工中，在标桩四周打入保护桩，在上面围绕铁丝，对测量标桩加以保护，防止受到毁坏。

三、主轴线的竖向传递

建筑物竖向轴线的引测，主要是作为各层放线和结构竖向控制的依据，其中，以建筑物轮廓轴线和控制电梯井轴线的投测更为重要。施工时对竖向偏差的要求高，为了满足测量精度的要求，需要进行轴线的竖向投测。在标桩顶安置激光基点，用 200mm×200mm×10mm 的钢板焊接锚固钩，设置到预定位置，用经纬仪投测各级轴线，定出激光基准点。在钢板上凿刻一小圆心即为激光控制点。在施工控制中，将铅垂仪架在这些激光基准点上对中、整平。在板面预留的激光洞孔盖上一块接收靶，然后使激光器启辉放光，光斑显示在接收靶上。为了保证激光控制点的准确性，在每次施测之前必须检查铅垂仪，使其激光点和十字丝中心点重合。另外，为了消除竖轴不垂直水平轴的误差，需绕竖轴转动照准部，让水平度盘分别在 0 度、90 度、180 度、270 度四个位置上，观察光斑变动位置，并做标注，若有变动，其变动的位置呈"十"字的对称型，对称连线的交点即为精确的铅垂中点。重复此方法投出其余的激光点。检查无误后可弹墨线，作为放线依据。

四、高程的控制

在施工场地四周建立一水准网，水准网的绝对高程应从附近的高级水准点引测，引用的水准点应经过检查，联系于网中一点，作为推算高程的依据。

为了保证水准网能得到可靠的起算依据，为了检查水准点的稳定性，将建立一个水准基点组，此水准基点由三个水准点组成。每隔一定时间或发现有变动的可能时，将全区水准网与水准基点组进行联测，以查明水准点高程是否变动。

附近没有水准点的，可以参考邻近建筑物的标高，作为施工工程的标高基准点。

五、沉降观测

建筑物沉降观测采用进口精密水准仪 NA2+GPM3，精度可达 0.3mm。沉降观测点的位置由设计人员确定，沉降观测点如图 1-3 所示。

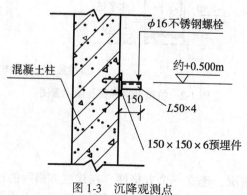

图 1-3 沉降观测点

　　沉降观测点的制作采用 10mm 厚的钢板制成三角形的钢板，焊接在设计要求的柱子上，三角板钢板上边用不锈钢焊条熔焊一个直径为 10mm 的半圆形，作为观测点，如图 1-4 所示，另外也可以做保护装置，以免被破坏。利用检验过的精密水准仪精确测算出各点的高程。

　　每月利用已知水准点对三个沉降观测水准点进行检测，如有下沉现象，精确测算出其高程变化，然后对其标高进行修改，才能进行沉降观测。

　　沉降观测水准点做好后，精确地对沉降观测点进行观测，做出第一次底段高程记录，往后结构每施工完一层板，即做一次沉降观测，若结构封顶，则每月做一次沉降观测，并做好记录，绘制曲线图，如发现异常，及时通知设计院和监理单位。

图 1-4　施工现场的沉降观测点

　　每次观测沉降前都要检查沉降观测水准点的准确性，检查测量仪器的完好率，按二等水准测量要求观测，观测时要定点、定路线、定专人与专用仪器，在天气条件保证成像清晰时进行。

　　工程竣工以后，将资料复制归档，作为竣工资料进行移交，以便使用方继续观测，直至稳定。使用方根据实际，可以委托有资质的机构进行后期或者全过程的沉降观测。

任务五　砖砌体工程施工

　　砌体是由块材(砖、石材、砌块)和砂浆砌筑而成的整体材料，包括砖砌体、石砌体、砌块砌体等。砌体通常用来砌基础、内外墙和柱等。小型民用房屋与仓库还可以用砖拱、砖壳作为楼盖或屋盖。中小型工业厂房也可用砖墙作为承重结构(现在的轻型厂房主要采用轻钢结构)，砌筑烟囱，建造小型储藏室和水塔等构筑物。

　　由砌体墙、柱作为建筑物主要受力构件的结构称为砌体结构。砌体结构的主要优点是：所有材料是地方材料，易于就地取材，并可利用工业废料，节省钢材、木材和水泥，造价较低；耐久性和耐火性好，并且有一定的隔热、隔音性能；施工技术和设备简单，易于普及。砌体结构的主要缺点是：自重大，砌筑工程量大，且很难实现机械化施工。砌体结构可以用来建造一般单层和多层的工业与民用建筑。材料主要是砖和砂浆，机具主要是手推车、垂直运输机械等。

一、砖

(一)烧结砖

以黏土、页岩、煤矸石、粉煤灰等为主要原材料，经成型、焙烧而成的块状墙体材料，称为烧结砖。如图 1-5 所示，烧结砖按其孔洞率(砖面上孔洞总面积占砖面积的百分率)的大小，分为烧结普通砖(没有孔洞或孔洞率小于 15% 的砖)、烧结多孔砖(孔洞率大于或等于 15% 的砖，其中孔的尺寸小而数量多)和烧结空心砖(孔洞率大于或等于 35% 的砖，其中孔的尺寸大而数量少)。

1. 烧结普通砖

烧结普通砖是指以黏土、粉煤灰、页岩、煤矸石为主要原材料，经过成型、干燥、入窑焙烧、冷却而成的实心砖。烧结普通砖的技术性质包括规格尺寸、强度等级、抗风化性能、泛霜和石灰爆裂、质量等级。

烧结普通砖的尺寸规格是 240mm×115mm×53mm，其中，240mm×115mm 面称为大面，240mm×53mm 面称为条面，115mm×53mm 面称为顶面，如图 1-6所示。在砌筑时，4 块砖长、8 块砖宽、16 块砖厚，再分别加上砌筑灰缝(每个灰缝宽度为 8 ~ 12mm，平均取 10mm)，其长度均为 1m。理论上，1m³ 砖砌体大约需用砖 512 块。

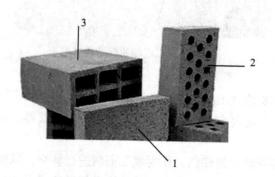

1—烧结普通砖；2—烧结多孔砖；3—烧结空心砖

图 1-5 烧结砖

2. 烧结多孔砖

烧结多孔砖是以黏土、页岩、煤矸石等为主要原料，经过焙烧而成的承重多孔砖，其规格有 190mm×190mm×90mm 和 240mm×115mm×90mm 两种；分为 MU30、MU25、MU20、MU15、MU10 五个强度等级。

3. 烧结空心砖

烧结空心砖是以黏土、页岩、煤矸石等为主要材料，经焙烧而成的空心砖，长度有 240mm、290mm，宽度有 140mm、180mm、190mm，高度有 90mm、115mm；强度等级分为 MU5、MU3、MU2，因而一般用于非承重墙体。

(二)灰砂砖

蒸压灰砂砖是以砂和石灰为主要原料，允许掺入颜料和外加剂，经坯料制备、压制成型、经高压蒸气养护而成的普通灰砂砖。蒸压灰砂砖(以下简称灰砂砖)是一种技术成熟、性能优良又节能的新型建筑材料，它适用于多层混合结构建筑的承重墙体，其规格为240mm×115mm×53mm，强度等级可以分为 MU30、MU25、MU20、MU15、MU10，如图1-6所示。蒸压灰砂砖适用于各类民用建筑、公用建筑和工业厂房的内、外墙以及房屋的基础，它是替代烧结黏土砖的产品。砖的规格尺寸与普通实心黏土砖完全一致，为240mm×115mm×53mm，所以用蒸压灰砂砖可以直接代替实心黏土砖，是国家大力发展、应用的新型墙体材料。

图1-6　灰砂砖

（三）煤渣砖

煤渣砖是以煤渣为主要原料，掺入适量石灰、石膏，经混合、压制成型、蒸养或蒸压而成的实心砖，规格为240mm×115mm×53mm（长×宽×高），分为 MU20、MU15、MU10、MU7.5四个强度等级。

（四）页岩砖

页岩砖是利用页岩和煤矸石为原料进行高温烧制的砖块，规格为240mm×115mm×53mm，页岩砖一般为灰色砖，也有其他颜色的，标准要求的强度等级为 MU30、MU25、MU20、MU15、MU10；有烧结页岩多孔砖、页岩空心砖、页岩砖、高保温模数砖、清水墙砖等类别。页岩砖具有强度高、保温、隔热、隔音等特点，在以页岩砖作为主要建材的砖混建筑施工中，页岩砖最大的优势就是与传统的黏土砖施工方法完全一样，是传统黏土实心砖的最佳替代品，如图1-7所示。

图1-7　页岩砖

砌筑砖砌体时，砖应提前 1~2d 浇水湿润，以免砖过多吸收砂浆中的水分而影响其粘结力，同时也可除去砖面上的粉末。

烧结多孔砖的含水率应控制在 10%~15%；施工现场具体判断标准如图 1-8 所示，润湿程度可在现场通过横断面润湿痕迹来判断。灰砂砖、煤渣砖的含水率应控制在 5%~8%。含水率是指水重与干砖重的比值百分数。

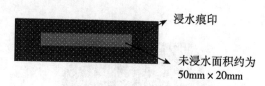

浸水痕印

未浸水面积约为
50mm×20mm

图 1-8　砖湿水程度示意图

二、砂浆

（一）原材料要求

1. 水泥

水泥砂浆采用的水泥，其强度等级不宜大于 32.5 级；水泥混合砂浆采用的水泥，其强度等级不宜大于 42.5 级。

水泥进场使用前，应分批对其强度、安定性进行复验。

当在使用过程中对水泥质量有怀疑或水泥出厂超过三个月（快硬硅酸盐水泥超过一个月）时，应复验试验，并按其结果使用。不同品种的水泥不得混合使用。

2. 砂

宜采用中砂，但毛石砌体宜用粗砂。

砂的含泥量：对水泥砂浆和强度等级不小于 M5 的水泥混合砂浆，不应超过 5%；对强度等级小于 M5 的水泥混合砂浆，不应超过 10%。

3. 水

拌制砂浆必须采用不含有害物质的水，水质应符合国家现行标准《混凝土拌合用水标准》（JGJ63—2006）的规定。

4. 外掺料

为改善砌筑砂浆的和易性、节约水泥用量，常加入外掺料，砂浆中的外掺料包括石灰膏、黏土膏、电石膏、微沫剂和粉煤灰等。

采用混合砂浆时，应将生石灰熟化成石灰膏，并用滤网过滤，使其充分熟化，熟化时间不得少于 7d；磨细生石灰粉的熟化时间不得少于 2d。配制水泥石灰砂浆时，不得采用脱水硬化的石灰膏。

（1）粉煤灰。粉煤灰的品质等级为Ⅲ级，其加入量应根据砂浆的设计强度和使用要求确定，但砂浆中粉煤灰取代水泥率最大不超过 40%。

（2）微沫剂。微沫剂能提高砂浆的和易性和保水性，还能提高砂浆的强度和耐久性，其掺量由试验来确定，一般为水泥用量的 0.5/10000~1.0/10000（100% 纯度的微沫剂）。水泥石灰砂浆中加入微沫剂时，石灰用量最多可减少一半。

（3）外加剂。凡在砂浆中掺入早强剂、缓凝剂、防冻剂等，应经检验和试配符合要求后，方可使用。

（二）砂浆的性能

砌筑砂浆分为三类：水泥砂浆、混合砂浆和非水泥砂浆。水泥砂浆通常仅在要求高强度砂浆与砌体处于潮湿环境下时使用，混合砂浆是一般砌体中最常使用的砂浆类型，非水泥砂浆通常仅用于强度要求不高的砌体，如临时设施、简易建筑等。

砂浆的强度是以边长为 70.7mm 的立方体试块，在标准养护（温度 20±5℃、正常湿度条件、室内不通风处）下，经过 28d 龄期后的平均抗压强度值，强度等级划分为 M15、M10、M7.5、M5、M2.5、M1 和 M0.4 七个等级。

砂浆应具有良好的流动性和保水性。砂浆的流动性是以稠度表示的，一般来说，对于干燥及吸水性强的块体，砂浆稠度应采用较大值；对于潮湿、密实、吸水性差的块体，砂浆稠度宜采用较小值。保水性差的砂浆，在运输过程中容易产生泌水和离析现象，从而降低其流动性，影响砌筑；砂浆的保水性测定值是以分层度来表示的，分层度不宜大于 20mm。

（三）砂浆的拌制

砌筑砂浆应采用机械搅拌，搅拌机械包括活门卸料式、倾翻卸料式或立式砂浆搅拌机，其出料容量一般为 200L。

自投料完算起，搅拌时间应符合下列规定：

水泥砂浆和水泥混合砂浆不得少于 2min；

水泥粉煤灰砂浆和掺用外加剂的砂浆不得少于 3min；

掺用有机塑化剂的砂浆，应为 3～5min。

（四）砂浆的使用

砂浆应随拌随用。水泥砂浆和水泥混合砂浆应分别在拌成后 3h 和 4h 内使用完毕；当施工期间最高气温超过 30℃时，必须分别在拌成后 2h 和 3h 内使用完毕；对掺用缓凝剂的砂浆，其使用时间可根据具体情况延长。

三、垂直运输设施

垂直运输设施为在建筑施工中担负垂直运（输）送材料设备和人员上下的机械设备和设施，它是施工技术措施中不可缺的重要环节。随着高层、超高层建筑、高耸工程以及超深地下工程的飞速发展，对垂直运输设施的要求也相应提高，垂直运输技术已成为建筑施工中的重要的技术领域之一。

（一）井架

井架是施工中最简便的垂直运输设施，它稳定性好，运输量大，可以采用型钢或钢管加工成定型产品，也可以采用脚手架部件搭设，如图 1-9 所示。井架起重量一般为 1～3t，提升高度一般在 60m 以内。

（二）龙门架

龙门架是由两组格构式立杆和横梁（天轮梁）组合而成的门式起重设备，在龙门架上装设滑轮、导轨、吊盘（上料平台）、安全装置、起重索以及缆风绳等，即构成一个完整的垂直运输体系，如图 1-10 所示。龙门架构造简单，制作容易，用材少，装拆方便，龙

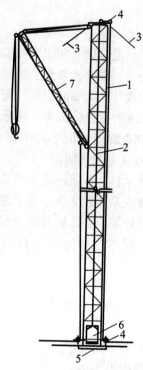

1—井架；2—钢丝绳；3—缆风绳；4—滑轮；5—垫梁；6—吊盘；7—辅助吊臂

图1-9 井架

门架的起重高度一般为15~30m，起重量为0.6~1.2t。

井架和龙门架安装和使用时应该注意下列事项：井架、龙门架必须立于可靠的地基和基座上，选择排水通畅之处，如地基土质不好，要加碎砖或碎石夯实，并做150mm后混凝土垫层，立柱底部应设底座和50mm×200mm垫木；井架、龙门架高度在12~15m以下时，设一道缆风绳，在15m以上时，则每增加5~10m增设一道；井架每道不少于4根，龙门架每道不少于6根；缆风绳宜用7~9mm的钢丝绳，与地面成45°夹角；井架杆件安装要准确，连接要牢固，垂直度偏差不得超过总高度的1/600；导轨垂直度及间距尺寸的偏差不得大于±10mm；在雷雨季节，当高度超过30m时，应装设避雷装置，没有装设避雷装置时，在雷雨天应暂停使用。

高层扣件钢管井架的附墙拉结做法，如图1-11所示。

(三)建筑施工电梯

建筑施工电梯可附着在外墙或其他建筑物结构上，随着建筑物主体结构施工而接高，如图1-12所示。其高度可达100m，可载运货物1.0~1.2t，或载人12~15人；一般不用于砖混结构房屋，只用于高层以及超高层的框架、框架-剪力墙等结构。

四、脚手架

脚手架是指施工现场为工人操作并解决垂直和水平运输而搭设的各种支架，用于外

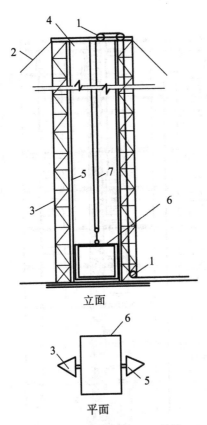

1—滑轮；2—缆风绳；3—立柱；4—横梁；5—导轨；6—吊盘；7—钢丝绳

图 1-10 龙门架的构造形式

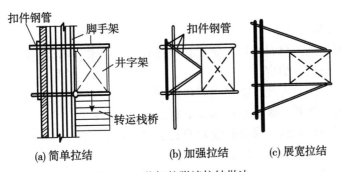

(a) 简单拉结   (b) 加强拉结   (c) 展宽拉结

图 1-11 井架的附墙拉结做法

墙、内部砌筑装修或层高较高、无法直接施工的地方，也用于施工人员上下干活或外围安全网维护及高空安装构件等工作。

每次脚手架的搭设高度一般以 1.2m 较为合适，称为"一步架高"，也称为砖墙的可砌高度。

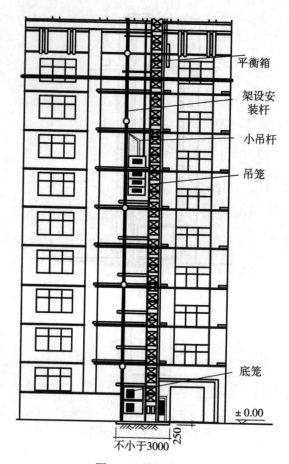

图 1-12　施工电梯

（一）脚手架的基本要求

（1）脚手架所使用的材料与加工质量必须符合规定要求，不得使用不合格品；

（2）脚手架应坚固、稳定；

（3）搭拆简单，搬运方便，能多次周转使用；

（4）认真处理好地基，确保地基具有足够大的承载力；

（5）严格控制使用荷载，保证有较大的安全储备；

（6）要有可靠的安全防护措施。

（二）脚手架的分类

按使用材料可分为：木质脚手架、竹质脚手架、金属脚手架。

按构造形式可分为：多立杆式、框组式、吊式、挂式、挑式、爬升式以及用于楼层间操作的工具式脚手架；

按搭设位置可分为：外脚手架、里脚手架。

脚手架搭设高度的限值见表 1-1。

表 1-1   **脚手架搭设高度的限值**

序号	类别	形式	高度限值(m)	备注
1	木脚手架	单排	30	架高≥30m 时，立杆纵距≯1.5m
		双排	60	
2	竹脚手架	单排	25	
		双排	50	
3	扣件式钢管脚手架	单排	20	
		双排	50	
4	碗扣式钢管脚手架	单排	20	架高≥30m 时，立杆纵距≯1.5m
		双排	60	
5	门式钢管脚手架	轻载	60	施工总荷载≤3kN/m²
		普通	45	施工总荷载≤5kN/m²

注：（1）在架高 20m 以下采用双立杆，在架高 30m 以上采用部分卸载措施。

（2）架高 50m 以上采用分段全部卸载措施。

（3）采用挑、挂、吊型式或附着升降脚手架。

（三）外脚手架

外脚手架是沿建筑物或构筑物外墙周边搭设的一种脚手架，它既可以用于外墙砌筑，又可用于外墙面装修施工。

1. 按脚手架的设置形式分类

（1）单排脚手架：只有一排立杆的脚手架，其横向平杆的另一端搁置在墙体结构上。

（2）双排脚手架：具有两排立杆的脚手架，如图 1-13 所示。

（3）多排脚手架：具有 3 排以上立杆的脚手架。

（4）满堂脚手架：按施工作业范围满设的、两个方向各有 3 排以上立杆的脚手架。

（5）满高脚手架：按墙体或施工作业最大高度、由地面起满高度设置的脚手架。

（6）交圈（周边）脚手架：沿建筑物或作业范围周边设置并相互交圈连接的脚手架。

（7）特形脚手架：具有特殊平面和空间造型的脚手架，如用于烟囱、水塔、冷却塔以及其他平面为圆形、环形、外方内圆形、多边形和上扩、上缩等特殊形式的建筑施工脚手架。

2. 钢管扣件式多立杆脚手架

钢管扣件式多立杆脚手架主要由立杆、大横杆、小横杆、扫地杆、斜撑、脚手板等组成。钢管扣件式多立杆脚手架由钢管（$\phi48\times3.5$ 或 $\phi51\times3.0$）和扣件组成，如图 1-14 所示。

扣件的基本形式有三种，如图 1-15 所示，分为直角扣件、回转扣件和对接扣件，直角扣件用于两根垂直交叉钢管的连接，旋转扣件用于两根任意角度交叉钢管的连接，对接扣件用于两根钢管对接连接。扣件与钢管的贴合面严格整形，保证与钢管扣紧时接触良好，扣件夹紧钢管时，开口处的最小距离应不小于 5mm，扣件的活动部位应使其转动灵活，旋转扣件的两旋转面间隙要小于 1mm。

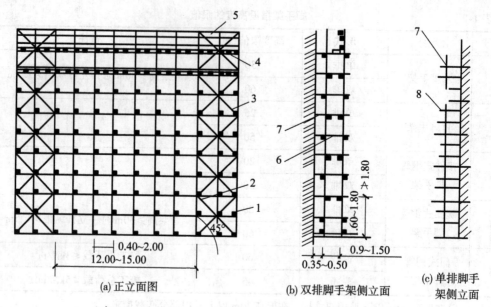

(a) 正立面图　　　　(b) 双排脚手架侧立面　　　(c) 单排脚手架侧立面

1—立杆；2—大横杆；3—剪刀撑；4—作业层(脚手板)；5—栏杆；
6—小横杆；7—连墙杆；8—小横杆；9—立杆

图 1-13　钢管扣件脚手架(双排脚手架)

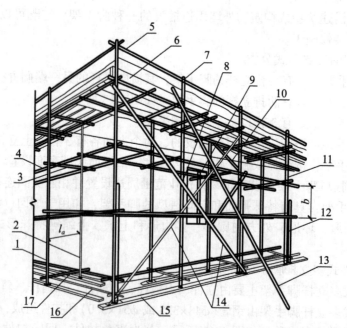

1—外立杆；2—内立杆；3—横向水平杆；4—纵向水平杆；5—栏杆；6—挡脚板；
7—直角扣件；8—旋转扣件；9—连墙杆；10—横向斜撑；11—主立杆；12—副立杆；
13—抛撑；14—剪刀撑；15—垫板；16—纵向扫地杆；17—横向扫地杆

图 1-14　双排扣件式钢管脚手架各杆件位置

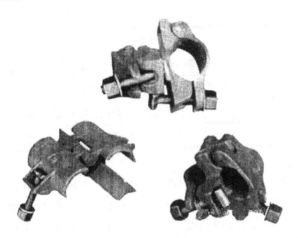

图 1-15　扣件

多立杆式外脚手架的一般构造要求见表 1-2。

表 1-2　　　　　　　　　　　　多立杆式外脚手架的一般构造要求

项目名称		结构脚手架		装修脚手架	
		单排(m)	双排(m)	单排(m)	双排(m)
脚手架里立杆离墙面的距离		—	0.35 ~ 0.50	—	0.35 ~ 0.50
小横杆里端离墙面的距离或插入墙体的长度		0.3 ~ 0.50	0.10 ~ 0.15	0.30 ~ 0.50	0.15 ~ 0.20
小横杆外端伸出大横杆外的长度		>0.15			
双排脚手架内外立杆横距 单排脚架手架立杆与墙面距离		1.35 ~ 1.80	1.00 ~ 1.50	1.15 ~ 1.50	0.15 ~ 0.20
立杆纵距	单立杆	1.00 ~ 2.00			
	双立杆	1.50 ~ 2.00			
大横杆间距(步高)		≥1.50		≥1.80	
第一步架步高		一般为 1.60 ~ 1.80,且≥2.0			
小横杆间距		≥1.00		≥1.50	
15 ~ 18m 高度段内铺板层和作业层的限制		铺板层不多于六层,作业层不超过两层			
不铺板时,小横杆的部分拆除		每步保留、相间抽拆,上下两步错开,抽拆后的距离为:结构架子≥1.50;装修架子≥3.00			
剪刀撑		沿脚手架纵向两端和转角处起,每隔 10m 左右设一组,斜杆与地面夹角为 45 ~ 60°,并沿全高度布置			
与结构拉结(连墙杆)		每层设置,垂直距离≥4.0,水平距离≥6.0,且在高度段的分界面上必须设置			

项目名称	结构脚手架		装修脚手架	
	单排(m)	双排(m)	单排(m)	双排(m)
水平斜拉杆	设置在与联墙杆相同的水平面上		视需要设置	
护身栏杆和挡脚板	设置在作业层，栏杆高1.00，挡脚板高0.40			
杆件对接或搭接位置	上下或左右错开，设置在不同的(步架和纵向)网格内			

脚手板有钢脚手板、钢框镶板的钢木脚手板、竹木脚手板等，质量不宜大于30kg，性能符合使用要求。木脚手板使用厚度不小于50mm，宽度不小于200mm，两端用10~14号镀锌铁丝捆紧。竹木脚手板使用宽度不小于60mm的竹片和直径8~10mm、间距不大于600mm的拼接螺栓制作，螺栓直径与竹片上的孔径应配合紧密，螺栓必须紧固可靠。

1)基本构造

扣件式钢管脚手架的基本构造主要有单排架和双排架两种形式，如图1-13所示。单排脚手架只有一排立杆，小横杆的另一端搁置在墙上，其搭设高度不超过20m，一般只用于6层以下的建筑物。当高度超过25m时，称为高层外脚手架，高层外脚手架必须按双排搭设，且搭设高度不宜超过50m，当超过时，必须根据设计计算，分层搭设或分段卸载。

无论是单排脚手架还是双排脚手架，其构造组成均包括立杆、大/小横杆、支撑及连墙杆等杆件。

(1)立杆。立杆也称立柱、站杆，是平行于建筑物外立面并垂直于地面的杆件，是传递脚手架结构自重、施工荷载和风荷载的主要受力杆件。立杆的横距(单排脚手架为立杆到墙面的距离)为0.9~1.5m(高层架子不大于1.2m)，纵距为1.4~2.0m，单立杆双排脚手架的搭设限高为50m；当需要搭设50m以上的脚手架时，其35m以下应采用双立杆，或自35m起采用分段卸载措施，且上部单立杆的高度应小于30m。立杆采用上单下双的高层脚手架，单、双立杆的连接构造方式如图1-16所示。

每极立杆均应设置底座，由标准底座面向上200mm处，设置纵横向扫地杆，用直角扣件与立杆相连接。立杆接头除顶层可以采用搭接外，其余各接头必须采用对接扣件连接。立杆的搭接、对接应符合以下要求：

立杆的搭接长度不小于1m，用不少于两个旋转扣件固定，端部扣件盖板的边沿至杆端距离不应小于100mm；立杆上的对接扣件应交错布置，两相邻立杆接头应尽量错开一步，其错开的垂直距离不应小于500mm；各拉头中心距主节点(立杆、大横杆、小横杆三者的交点)的距离不应大于步距的1/3。立杆的垂直度偏差不大于架高的1/300，并同时控制其绝对偏差；当架高≤20m时，立杆垂直度偏差≤50mm；当20m<架高≤50m时，立杆垂直度偏差≤75mm；当架高>50m时，立杆垂直度偏差≤100mm。

(2)大横杆。大横杆是平行于建筑物在纵向连接各杆件的通长水平杆，是承受并传递施工荷载给立杆的主要受力杆件，步距为1.5~1.8m。

大横杆要水平设置，长度不应小于2跨，大横杆与立杆要用直角扣件扣紧，且不能隔步设置或遗漏。两大横杆的接头必须采用对接扣件连接，接头位置距立杆轴心线的距离不宜大于跨度的1/3，同一步架中内外两根纵向水平杆的对接接头应尽量错开一跨，上下相

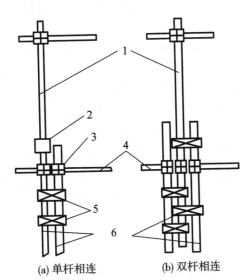

(a) 单杆相连　　　　　(b) 双杆相连

1—上单立杆；2—对接扣件；3—直角扣件；4—大横杆；5—旋转扣件；6—下双立杆
图 1-16　单、双立杆连接构造方式

邻两极纵向水平杆的对接接头也应尽量错开一跨，错开的水平距离不应小于 500mm。

（3）小横杆。小横杆是垂直于建筑物，在横向连接脚手架内、外排立杆的水平杆件，是承受并传递施工荷载给立杆的主要受力杆件。

小横杆设置在立杆与大横杆的相交处，用直角扣件与大横杆扣紧，且应贴近立杆布置，小横杆到立杆轴心线的距离不应大于 150mm；当为单排脚手架时，小横杆的一端与大横杆连接，另一端插入墙内的长度不小于 180mm。

（4）支撑。为了保证脚手架的整体刚度和稳定性、提高脚手架的承载力，必须设置支撑。支撑有剪刀撑（又称十字撑）和横向支撑（又称横向斜拉杆、之字撑）。剪刀撑设置在脚手架外侧面，与外墙面平行的十字交叉斜杆，可增强脚手架的纵向刚度；横向支撑设置在脚手架内、外排立杆之间的"之"字形的斜杆，可增强脚手架的横向刚度。

剪刀撑的设置应符合下列要求：

35m 以下的脚手架除在两端设置外，中间每隔 12～15m 设置一道；35m 以上的脚手架沿脚手架两端和转角处起，每 7～9 根立杆设置一道，且每片架子不少于 3 道。剪刀撑应沿架高连续设置；在相邻两剪刀撑之间，每隔 10～15m 高加设一组长剪刀撑。

每道剪刀撑跨越立杆的根数宜为 3～4 根，与地面的倾斜角为 45°～60°。

剪刀撑的连接除顶层可以采用搭接外，其余各接头必须采用对接扣件连接。搭接长度不小于 1m，用不少于两个旋转扣件连接。

剪刀撑的斜杆应用旋转扣件固定在与之相交的杆件上。

横向支撑的设置应符合下列要求：

一字形、开口形双排脚手架的两端均必须设置横向支撑，中间每隔 6 跨设置一道。横向支撑的每道斜杆应在 1～2 步内，由底至顶呈"之"字形连续布置，两端用旋转扣件固定在立杆或小横杆上。

24m 以下的封闭型双排脚手架可不设置横向支撑；24m 以上，除两端应设置横向支撑外，中间应每隔 6 跨设置一道。

(5)连墙杆。连墙杆是连接脚手架与建筑物的部件，是脚手架中既要承受传递风荷载，又要防止脚手架在横向失稳或倾覆的重要受力部件。连墙杆根据传力性能、构造形式的不同，可分为刚性连墙杆和柔性连墙杆。通常采用刚性连墙杆，使脚手架与建筑物连接可靠，但当脚手架高度在 24m 以下时，可用柔性连墙杆(如用 ϕ4mm 镀锌钢丝或 ϕ6mm 钢筋)，这种连接必须配有顶撑，顶在混凝土圈梁、柱等结构部位，以防止向内倾倒。24m 以上的双排脚手架必须采用刚性连墙杆与墙体连接，如图 1-17 所示，刚性连墙杆的布置间距与脚手架的搭设高度有很大关系，当脚手架为双排脚手架且脚手架高度小于等于 50m 时，其垂直及水平距离均小于等于 6m；当脚手架高度大于 50m 时，垂直距离小于等于 4m，水平距离小于等于 6m。

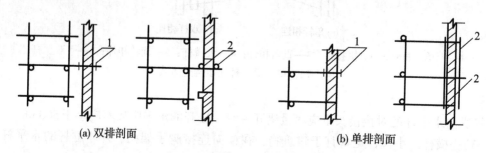

(a) 双排剖面　　　　　　　　　　　　(b) 单排剖面

1—扣件；2—短钢管

图 1-17　刚性连墙杆构造

2)脚手架搭设流程

在牢固的地基弹线、立杆定位→摆放扫地杆→竖立杆，并与扫地杆扣紧→安扫地小横杆，并与立杆和扫地杆扣紧→安第一步大横杆，并与各立杆扣紧→安第一步小横杆→安第二步大横杆→安第二步小横杆→加设临时斜撑杆，上端与第二步大横杆扣紧(装设与柱连接杆后拆除)→安第三、四步大横杆和小横杆→安二层与柱拉杆→接立杆→加设剪力撑→铺设脚手板，绑扎防护及档脚板、立挂安全网。

单、双排脚手架必须配合施工进度搭设，一次搭设高度不应超过相邻连墙件以上两步；如果超过相邻连墙件以上两步，无法设置连墙件，则应采取撑拉固定措施与建筑结构拉结。每搭完一步脚手架后，应按表 1-2 的规定校正步距、纵距、横距及立杆的垂直度。

(1)底座安放应符合下列规定：

底座、垫板均应准确地放在定位线上；

垫板宜采用长度不少于 2 跨、厚度不小于 50mm、宽度不小于 200mm 的木垫板。

(2)立杆搭设应符合下列规定：

相邻立杆的对接连接应符合规范的规定；

脚手架开始搭设立杆时，应每隔 6 跨设置一根抛撑，连墙件安装稳定后方可根据情况拆除；

当架体搭设至有连墙件的主节点时，在搭设完该处的立杆、纵向水平杆、横向水平杆后，应立即设置连墙件。

（3）脚手架纵向水平杆搭设应符合下列规定：

脚手架纵向水平杆应随立杆按步搭设，并应采用直角扣件与立杆固定；

纵向水平杆的搭设应符合规范有关的规定；

在封闭型脚手架的同一步中，纵向水平杆应四周交圈设置，并应用直角扣件与内外角部立杆固定。

（4）脚手架横向水平杆搭设应符合下列规定：

搭设横向水平杆应符合规范的构造规定；

双排脚手架横向水平杆的靠墙一端至墙装饰面的距离不应大于100mm；

单排脚手架的横向水平杆不应设置在下列部位：

①设计上不允许留脚手眼的部位；

②过梁上与过梁两端成60°角的三角形范围内及过梁净跨度1/2的高度范围内；

③宽度小于1m的窗间墙；

④梁或梁垫下及其两侧各500mm的范围内；

⑤砖砌体的门窗洞口两侧200mm和转角处450mm的范围内，其他砌体的门窗洞口两侧300mm和转角处600mm的范围内；

⑥墙体厚度小于或等于180mm；

⑦独立或附墙砖柱，空斗砖墙、加气块墙等轻质墙体；

⑧砌筑砂浆强度等级小于或M2.5的砖墙。

脚手架纵向、横向扫地杆搭设应符合规范有关的规定。

（5）脚手架连墙件安装应符合下列规定：

连墙件的安装应随脚手架搭设同步进行，不得滞后安装；

当单、双排脚手架施工操作层高出相邻连墙件以上两步时，应采取确保脚手架稳定的临时拉结措施，直到上一层连墙件安装完毕后再根据情况拆除。

脚手架剪刀撑与双排脚手架横向斜撑应随立杆、纵向和横向水平杆等同步搭设，不得滞后安装。

（6）扣件安装应符合下列规定：

扣件规格必须与钢管外径相同；

螺栓拧紧扭力矩不应小于40N·m，且不应大于65N·m；

在主节点处固定横向水平杆、纵向水平杆、剪刀撑、横向斜撑等用的直角扣件、旋转扣件的中心点的相互距离不应大于150mm；

对接扣件开口应朝上或朝内；

各杆件端头伸出扣件盖板边缘长度不应小于100mm。

（7）作业层、斜道的栏杆和挡脚板的搭设应符合下列规定：

栏杆和挡脚板均应搭设在外立杆的内侧；

上栏杆上皮高度应为1.2m；

挡脚板高度不应小于180mm；

中栏杆应居中设置。

（8）脚手板的铺设应符合下列规定：

脚手板应铺满、铺稳，离墙面的距离不应大于 150mm；

采用对接或搭接时，均应符合规范有关的规定，脚手板探头应用直径 3.2mm 镀锌钢丝固定在支承杆件上；

在拐角、斜道平台口处的脚手板，应用镀锌钢丝固定在横向水平杆上，防止滑动。

3）纵向水平杆、横向水平杆、脚手板

（1）纵向水平杆的构造应符合下列规定：

纵向水平杆应设置在立杆内侧，单根杆长度不应小于 3 跨。

纵向水平杆接长应采用对接扣件连接或搭接，并应符合下列规定：两根相邻纵向水平杆的接头不应设置在同步或同跨内，不同步或不同跨两个相邻接头在水平方向错开的距离不应小于 500mm，各接头中心至最近主节点的距离不应大于纵距的 1/3，如图 1-18 所示。

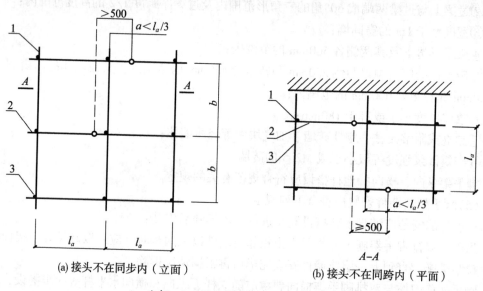

(a) 接头不在同步内（立面）　　　　(b) 接头不在同跨内（平面）

1—立杆；2—纵向水平杆；3—横向水平杆

图 1-18　纵向水平杆对接接头布置

搭接长度不应小于 1m，应等间距设置 3 个旋转扣件固定，端部扣件盖板边缘至搭接纵向水平杆杆端的距离不应小于 100mm，如图 1-19 所示。

当使用冲压钢脚手板、木脚手板、竹串片脚手板时，纵向水平杆应作为横向水平杆的支座，用直角扣件固定在立杆上；当使用竹笆脚手板时，纵向水平杆应采用直角扣件固定在横向水平杆上，并应等间距设置，间距不应大于 400mm，如图 1-20 所示。

（2）横向水平杆的构造应符合下列规定：

作业层上非主节点处的横向不平杆，宜根据支承脚手板的需要等间距设置，最大间距不应大于纵距的 1/2。

当使用冲压钢脚手板、木脚手板、竹串片脚手板时，双排脚手架的横向水平杆两端均应采用直角扣件固定在纵向水平杆上；单排脚手架的横向水平杆的一端应用直角扣件固定在纵向水平杆上，另一端应插入墙内，插入长度不应小于 180mm。

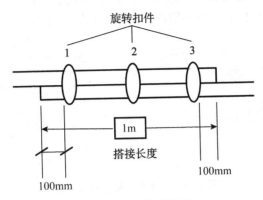

图 1-19　杆件的搭接

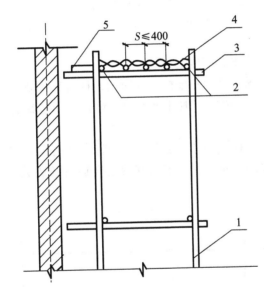

1—立杆；2—纵向水平杆；3—横向水平杆；4—竹笆脚手板；5—其他脚手板
图 1-20　铺竹串片脚手板时纵向水平杆的构造

当使用竹笆脚手板时，双排脚手架的横向水平杆两端，应用直角扣件固定在立杆上；单排脚手架的横向水平杆的一端，应用直角扣件固定在立杆上，另一端应插入墙内，插入长度亦不应小于 180mm。

主节点处必须设置一根横向水平杆，用直角扣件扣接且严禁拆除。

（3）脚手板的设置应符合下列规定：

作业层脚手板应铺满、铺稳、铺实。

冲压钢脚手板、木脚手板、竹串片脚手板等应设置在 3 根横向水平杆上。当脚手板长度小于 2m 时，可采用两根横向水平杆支承，但应将脚手板两端与其可靠固定，严防倾翻。脚手板的铺设应采用对接平铺或搭接铺设。脚手板对接平铺时，接头处必须设两根横向水平杆，脚手板外伸长应取 130～150mm，两块脚手板外伸长度的和不应大于 300mm

（图1-21（a））；脚手板搭接铺设时，接头必须支在横向水平杆上，搭接长度不应小于200mm，其伸出横向水平杆的长度不应小于100mm（图1-21（b））。

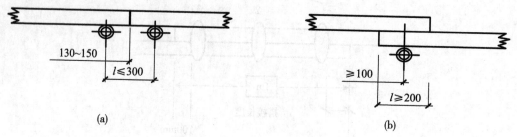

(a)　　　　　　　　　　　　　　　(b)

图 1-21　脚手板对接、搭接构造

竹木脚手板应按其主竹筋垂直于纵向水平杆方向铺设，且采用对接平铺，四个角应用直径不小于1.2mm的镀锌钢丝固定在纵向水平杆上。

作业层端部脚手板探头长度应取150mm，其板的两端均应固定于支承杆件上。

4）立杆

（1）每根立杆底部应设置底座或垫板。

（2）脚手架必须设置纵、横向扫地杆。纵向扫地杆应采用直角扣件固定在距底座上皮不大于200mm处的立杆上，横向扫地杆应采用直角扣件固定在紧靠纵向扫地杆下方的立杆上。

（3）脚手架立杆基础不在同一高度上时，必须将高处的纵向扫地杆向低处延长两跨与立杆固定，高低差不应大于1m。靠边坡上方的立杆轴线到边坡的距离不应小于500mm，如图1-22所示。

1—横向扫地杆；2—纵向扫地杆

图 1-22　纵、横向扫地杆构造

（4）单、双排脚手架底层步距均不应大于2m。

（5）单排、双排与满堂脚手架立杆接长除顶层顶步外，其余各层各步接头必须采用对接扣件连接。

（6）脚手架立杆对接、搭接应符合下列规定：

当立杆采用对接接长时，立杆的对接扣件应交错布置，两根相邻立杆的接头不应设置在同步内，同步内隔一根立杆的 2 个相隔接头在高度方向错开的距离不宜小于 500mm；各接头中心至主节点的距离不宜大于步距的 1/3。

当立杆采用搭接接长时，搭接长度不应小于 1m，并应采用不少于 2 个旋转和扣件固定。端部扣件盖板的边缘至杆端距离不应小于 100mm。

（7）脚手架立杆顶端栏杆宜高出女儿墙上端 1m，宜高出檐口上端 1.5m。

5）连墙件

（1）连墙件设置的位置、数量应按专项施工方案确定。

（2）脚手架连墙件数量的设置除应满足规范的计算要求外，还应符合相关的规定。

（3）连墙件的布置应符合下列规定：

应靠近主节点设置，偏离主节点的距离不应大于 300mm；

应从底层第一步纵向水平杆处开始设置，当该处设置有困难时，应采用其他可靠措施固定；

应优先采用菱形布置，或采用方形、矩形布置。

（4）开口型脚手架的两端必须设置连墙件，连墙件的垂直间距不应大于建筑物的层高，并不应大于 4m。

（5）连墙件中的连墙杆应呈水平设置，当不能水平设置时，应向脚手架一端下斜连接。

（6）连墙件必须采用可承受拉力和压力的构造。对高度 24m 以上的双排脚手架，应采用刚性连墙件与建筑物连接。

（7）当脚手架下部暂不能设连墙件时，应采取防倾覆措施。当搭设抛撑时，抛撑应采用通长杆件，并用旋转扣件固定在脚手架上，与地面的倾角应在 45°到 60°之间；连接点中心至主节点的距离不应大于 300mm。抛撑应在连墙件搭设后方可拆除。

（8）架高超过 40m 且有风涡流作用时，应采取抗上升翻流作用的连墙措施。

6）剪刀撑与横向斜撑

（1）双排脚手架应设剪刀撑与横向斜撑，单排脚手架应设剪刀撑。

（2）单、双排脚手架剪刀撑的设置应符合下列规定：

每道剪刀撑跨越立杆的根数宜按相关的规定确定，每道剪刀撑宽度不应小于 4 跨，且不应小于 6m，斜杆与地面的倾角宜在 45°至 60°之间；

剪刀撑斜杆的接长应采用搭接或对接，搭接应符合规范相关的规定；

剪刀撑斜杆应用旋转扣件固定在与之相交的横向水平杆的伸出端或立杆上，旋转扣件中心线至主节点的距离不宜大于 150mm。

（3）高度在 24m 及以上的双排脚手架应在外侧立面连续设置剪刀撑；高度在 24m 以下的单、双排脚手架，均必须在外侧立面两端、转角及中间间隔不超过 15m 的立面上各设置一道剪刀撑，并应由底至顶连续设置，如图 1-23 所示。

（4）双排脚手架横向斜撑的设置应符合下列规定：

横向斜撑应在同一节间，由底至顶层呈"之"字形连续布置，斜撑的固定应符合规范

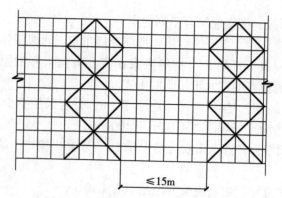

图 1-23　高度 24m 以下剪刀撑布置

的相关规定；

　　高度在 24m 以下的封闭型双排脚手架可不设横向斜撑；高度在 24m 以上的封闭型脚手架，除拐角应设置横向斜撑外，中间应每隔 6 跨设置一道。

　　（5）开口型双排脚手架的两端均必须设置横向斜撑。

　　7）安全网挂设要求

　　安全网应挂设严密，用塑料蔑绑扎牢固，不得漏眼绑扎，两网连接处应绑在同一杆件上。安全网要挂设在棚架内侧。

　　脚手架与施工层之间要按验收标准设置封闭平网，防止杂物下跌。

　　8）脚手架检查与验收

　　脚手架及其地基基础应在下列阶段进行检查与验收：

　　（1）基础完工后及脚手架搭设前；

　　（2）作业层上施加荷载前；

　　（3）每搭设完 6～8m 高度后；

　　（4）达到设计高度后；

　　（5）遇有六级强风及以上风或大雨后，冻结地区解冻后；

　　（6）停用超过一个月。

　　脚手架使用中，应定期检查下列要求内容：

　　杆件的设置和连接，连墙件、支撑、门洞桁架等的构造应符合规范和专项施工方案的要求；

　　地基应无积水，底座应无松动，立杆应无悬空；

　　件螺栓应无松动；

　　高度在 24m 以上的双排、满堂脚手架，其立杆的沉降与垂直度的偏差应符合规范的规定；

　　高度在 20m 以上的满堂支撑架，其立杆的沉降与垂直度的偏差应符合规范的规定，安全防护措施应符合规范要求；

　　应无超载使用。

　　9）脚手架的拆除

脚手架拆除应按专项方案施工，拆除前应做好下列准备工作：

应全面检查脚手架的扣件连接、连墙件、支撑体系等是否符合构造要求。

应根据检查结果补充完善脚手架专项方案中的拆除顺序和措施，经审批后方可实施。

拆除前应对施工人员进行交底。

应清除脚手架上杂物及地面障碍物。

单、双排脚手架拆除作业必须由上而下逐层进行，严禁上下同时作业；连墙件必须随脚手架逐层拆除，严禁先将连墙件整层或数层拆除后再拆脚手架；分段拆除高差大于两步时，应增设连墙件加固。

当脚手架拆至下部最后一根长立杆的高度(约6.5m)时，应先在适当位置搭设临时抛撑加固后，再拆除连墙件。当单、双排脚手架采取分段、分立面拆除时，对不拆除的脚手架两端，应先按规范的有关规定设置连墙件和横向斜撑加固。

架体拆除作业应设专人指挥，当有多人同时操作时，应明确分工、统一行动，且应具有足够的操作面。

卸料时，各构配件严禁抛掷至地面。

运至地面的构配件应按规范的规定及时检查、整修与保养，并应按品种、规格分别存放。

3. 钢管碗扣式多立杆脚手架

钢管碗扣式多立杆脚手架立杆与水平杆靠特制的碗扣接头连接，碗扣分上碗扣和下碗扣，下碗扣焊在钢管上，上碗扣对应地套在钢管上，其销槽对准焊在钢管上的限位销即能上下滑动，如图1-24所示。

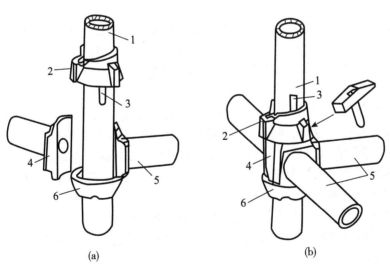

(a)　　　　　　　　　(b)

1—立杆；2—上碗扣；3—限位销；4—横杆接头；5—横杆；6—下碗扣

图1-24　碗扣接头构造

承力结构：作业层、横向构架和纵向构架三部分。

支撑体系：纵向支撑、横向支撑、水平支撑、抛杆和连墙杆等。

搭设要求：

（1）脚手架地基应平整夯实；脚手架的钢立柱不能直接立于土地面上，应加设底座和垫板（或垫木），垫板（或垫木）厚度不小于50mm；应有可靠的排水措施，防止积水浸泡地基。

（2）节点的连接可靠。其中扣件的拧紧程度应控制在扭力矩达到 $40 \sim 60\text{N} \cdot \text{m}$；碗扣应盖扣牢固（将上碗扣拧紧），如图1-25所示；8号钢丝十字交叉扎点应拧 $1.5 \sim 2$ 圈后箍紧，不得有明显扭伤，且钢丝在扎点外露的长度应大于等于80mm。

图1-25 碗扣接头

（3）脚手架处于顶层连墙点之上的自由高度不得大于6m。当作业层高出其下连墙件2步或4m以上且其上尚无连墙件时，应采取适当的临时撑拉措施。

脚手板或其他作业层铺板的铺设应符合以下规定：

（1）脚手板或其他铺板应铺平铺稳，必要时应予绑扎固定。

（2）脚手板采用对接平铺时，在对接处，与其下两侧支承横杆的距离应控制在 $100 \sim 200\text{mm}$；采用挂扣式定型脚手板时，其两端挂扣必须可靠地接触支承横杆，并与其扣紧。

（3）脚手板采用搭设铺放时，其搭接长度不得小于200mm，且应在搭接段的中部设有支承横杆。铺板严禁出现端头超出支承横杆250mm以上未做固定的探头板。

4. 门式钢管脚手架

门式钢管脚手架由门架及配件组成。门式钢管脚手架结构设计合理，受力性能好，承载能力高，施工拆装方便，安全可靠，是目前应用较为广泛的一种脚手架。

1）材料要求

门架及配件除有特殊要求外，门架的立杆、横杆和水平杆的钢管规格为 $\phi 42\text{mm} \times 2.5\text{mm}$，其他杆件的钢管规格为 $\phi(22 \sim 26)\text{mm} \times (1.5 \sim 2.6)\text{mm}$，门架宽度为1219mm，高度为1900mm和1700mm两种，可调底座、可调托座的螺杆采用圆钢。

2）基本组合单元（图1-26）

门式钢管脚手架由门架、交叉支撑、连接棒、挂扣式脚手板或水平架、锁臂等构成基

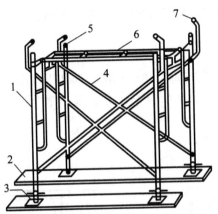

1—门架；2—平板；3—螺旋基座；4—剪刀撑；5—连墙杆；6—水平梁架；7—锁臂
图 1-26 门式脚手架的组合单元

本组合单元，将基本组合单元互相连接起来并增设梯形架、栏杆等部件，即构成整体脚手架，如图 1-27 所示。门式脚手架的搭设高度要求：当施工荷载标准值在 $3.0 \sim 5.0 \mathrm{kN/m^2}$ 时，应小于等于 45m；当施工荷载标准值小于等于 $3.0 \mathrm{kN/m^2}$ 时，应小于等于 60m。

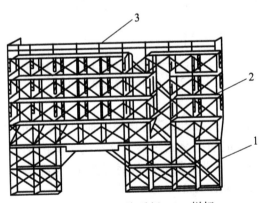

1—梯子；2—脚手板；3—栏杆
图 1-27 门式外脚手架

3）搭设与拆除

（1）搭设。搭设门式脚手架的场地应平整、坚实、排水良好。不同规格的门架由于尺寸高度不同，不得混用。其搭设顺序为：在牢固的地基弹线、立杆定位→铺放垫木（垫板）→拉线、放底座→装立门架→装剪刀撑→装水平横梁（或脚手板）→装梯子→装连墙杆→重复以上步骤，逐层向上安装→装加强整体强度的长剪刀撑→装设顶部栏杆。

门式脚手架较其他脚手架的搭设要求高，其首层架的垂直度偏差不应大于 2mm，水平度偏差不应大于 5mm，上下门架立杆应在同一轴线上，以使门架传力均匀、明确，如果产生偏差，偏差不大于 2mm。门架底部用扫地杆直接固定，顶部要用水平拉杆连接，门架之间必须设置剪刀撑和水平梁架（或脚手板），其间连接应可靠，以确保脚手架整体刚度。

（2）拆除。拆除脚手架时，应自上而下进行，部件拆除的顺序与安装相反，不允许将拆除的部件从高空抛下，而应将拆下的部件收集分类后，用垂直吊运机具运至地面，集中堆放保管。

（四）里脚手架

里脚手架是搭设在建筑物内部，用于砌墙、抹灰以及市内装饰工程等用的脚手架，这类脚手架在使用过程中不断随楼层升高上移，装拆频繁，因此要求其轻便灵活，便于拆装。

1. 折叠式里脚手架（图1-28）

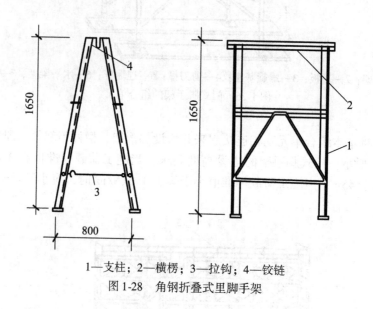

1—支柱；2—横楞；3—拉钩；4—铰链

图1-28 角钢折叠式里脚手架

折叠式里脚手架是室内砌筑和装饰最常用的一种脚手架。根据制作材料不同，可分为角钢折叠式、钢管折叠式和钢筋折叠式三种。这类脚手架的架设间距为：砌筑时不超过1.8m，粉刷时不超过2.2m。架设步距为：角钢折叠式可搭设两步（其余两种只可搭设一步），第一步为1m，第二步为1.65m。

2. 支柱式里脚手架

支柱式里脚手架由若干个支柱及横杆组成，上铺脚手板，适用于砌筑墙体和室内粉刷。其搭设间距为：砌筑时不超过2.0m，粉刷时不超过2.5m。按其构造形式不同，有套管式、承插式、伞脚折叠式，如图1-29所示。

五、砖砌体施工

（一）砖基础

砖基础的下部为大放脚，上部为基础墙。

大放脚有等高式和间隔式两种。等高式大放脚是每砌两皮砖，两边各收进1/4砖长（60mm）；间隔式大放脚是每砌两皮砖及一皮砖，轮流两边各收进1/4砖长（60mm），最下面应为两皮砖，如图1-30所示。

砖基础大放脚一般采用"一顺一丁"砌筑形式，即一皮顺砖与一皮丁砖相间，上下皮

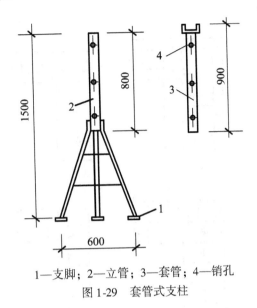

1—支脚；2—立管；3—套管；4—销孔
图 1-29 套管式支柱

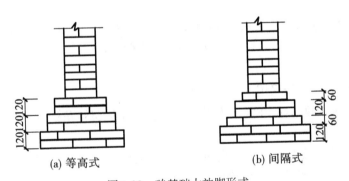

(a) 等高式　　　　　(b) 间隔式
图 1-30 砖基础大放脚形式

垂直灰缝相互错开 60mm。砖基础应用水泥砂浆砌筑。

在砖基础的转角处、交接处，为了错缝，需要加砌配砖(3/4 砖、半砖或 1/4 砖)。

砖基础的水平灰缝厚度和垂直灰缝宽度宜为 10mm。水平灰缝的砂浆饱满度不得小于 80%。

砖基础底标高不同时，应从低处砌起，并应由高处向低处搭砌；当设计无要求时，搭砌长度不应小于砖基础大放脚的高度。

砖基础的转角处和交接处应同时砌筑；当不能同时砌筑时，应留置斜槎。

基础墙的防潮层，当设计无具体要求，宜用 1：2 水泥砂浆加适量防水剂铺设，其厚度宜为 20mm。防潮层位置宜在室内地面标高以下一皮砖处，即通常在-0.06m 标高处设置，且至少高于室外地坪 150mm，以防雨水溅湿墙身。

图 1-31 所示是底宽为 2 砖半等高式砖基础大放脚转角处分皮砌法。

砖基础施工时应注意以下几点：

(1) 基础防潮层的施工；

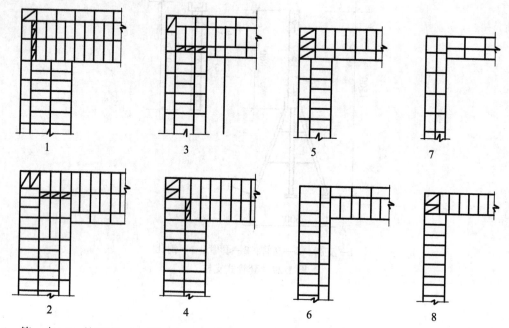

1—第一皮；2—第二皮；3—第三皮；4—第四皮；5—第五皮；6—第六皮；7—第七皮；8—第八皮

图 1-31   大放脚转角处分皮砌法

（2）砖基础大放脚一般采用一顺一丁的砌筑形式；

（3）为保证基础砌好后能在同一水平面上，必须在垫层转角处及高低踏步处预先设置基础皮数杆；

（4）砌砖时，应按皮数杆先砌几皮转角与交接处的砖，并在其间拉准线，再砌中间部分；穿过基础的管道上部应预留沉降空隙；

（5）在砖基础的转角处、交接处，为了错缝，应加砌配砖（3/4 砖、半砖或 1/4 砖）；

（6）砌完基础后，两侧应同时回填土，并分层夯实，以防止不对称回填导致基础侧移，发生质量事故。

（二）砖墙

1. 组砌方式

砖墙根据其厚度不同，可采用全顺、两平一侧、全丁、一顺一丁、梅花丁或三顺一丁的砌筑形式，如图 1-32 所示。

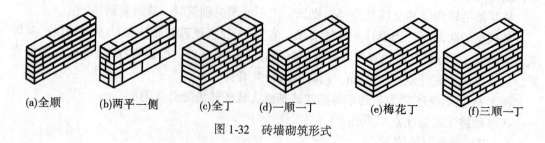

(a)全顺   (b)两平一侧   (c)全丁   (d)一顺一丁   (e)梅花丁   (f)三顺一丁

图 1-32   砖墙砌筑形式

全顺：各皮砖均顺砌，上下皮垂直灰缝相互错开半砖长（120mm），适合砌半砖厚（115mm）墙，俗称 12 墙。

两平一侧：两皮顺砖与一皮侧砖相间，上下皮垂直灰缝相互错开 1/4 砖长（60mm）以上，适合砌 3/4 砖厚（178mm）墙，俗称 18 墙。

全丁：各皮砖均丁砌，上下皮垂直灰缝相互错开 1/4 砖长，适合砌一砖厚（240mm）墙，俗称 24 墙或者一砖墙。

一顺一丁：一皮顺砖与一皮丁砖相间，上下皮垂直灰缝相互错开 1/4 砖长，适合砌一砖及一砖以上厚墙。

梅花丁：同皮中顺砖与丁砖相间，丁砖的上下均为顺砖，并位于顺砖中间，上下皮垂直灰缝相互错开 1/4 砖长，适合砌一砖厚墙。

正顺一丁：三皮顺砖与一皮丁砖相间，顺砖与顺砖上下皮垂直灰缝相互错开 1/2 砖长，顺砖与丁砖上下皮垂直灰缝相互错开 1/4 砖长，适合砌一砖及一砖以上厚墙。

2. 构造要求

一砖厚承重墙的每层墙的最上一皮砖、砖墙的阶台水平面及挑出层，应整砖丁砌。在砖墙的转角处、交接处，为了错缝，需要加砌配砖。

图 1-33 所示是一砖厚墙一顺一丁转角处分皮砌法，配砖为 3/4 砖，位于墙外角。

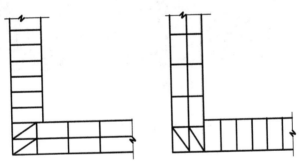

图 1-33 一砖厚墙一顺一丁转角处分皮砌法

图 1-34 所示是一砖厚墙一顺一丁交接处分皮砌法，配砖为 3/4 砖，位于墙交接处外面，仅在丁砌层设置。

砖墙的水平灰缝厚度和垂直灰缝宽度宜为 10mm，但不应小于 8mm，也不应大于 12mm。

砖墙的水平灰缝砂浆饱满度不得小于 80%；垂直灰缝宜采用挤浆或加浆方法，不得出现透明缝、瞎缝和假缝。

在墙上留置临时施工洞口，其侧边离交接处墙面不应小于 500mm，洞口净宽度不应超过 1m。临时施工洞口应做好补砌。

施工脚手眼补砌时，灰缝应填满砂浆，不得用干砖填塞。

设计要求的洞口、管道、沟槽应于砌筑时正确留出或预埋，未经设计同意，不得打凿墙体和在墙体上开凿水平沟槽；宽度超过 300mm 的洞口上部，应设置过梁。

砖墙每日砌筑高度不得超过 1.8m，如图 1-35 所示。

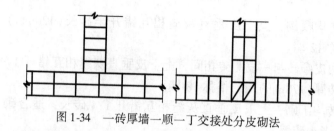

图 1-34   一砖厚墙一顺一丁交接处分皮砌法

图 1-35   施工现场

砖墙工作段的分段位置宜设在变形缝、构造柱或门窗洞口处；相邻工作段的砌筑高度不得超过一个楼层高度，也不宜大于 4m。

3. 砖柱

砖柱应选用整砖砌筑。

砖柱断面宜为方形或矩形，最小断面尺寸为 240mm×365mm。

砖柱砌筑应保证砖柱外表面上下皮垂直灰缝相互错开 1/4 砖长，砖柱内部少通缝，为了错缝，需要加砌配砖，不得采用包心砌法。

图 1-36 所示是几种断面的砖柱分皮砌法。

砖柱的水平灰缝厚度和垂直灰缝宽度宜为 10mm，但不应小于 8mm，也不应大于 12mm。

砖柱水平灰缝的砂浆饱满度不得小于 80%。

对成排同断面砖柱，宜先砌成那两端的砖柱，以此为准，拉准线砌中间部分砖柱，这样可保证各砖柱皮数相同，水平灰缝厚度相同。

砖柱中不得留脚手眼。

砖柱每日砌筑高度不得超过 1.8m。

4. 砖垛

砖垛应与所附砖墙同时砌起。

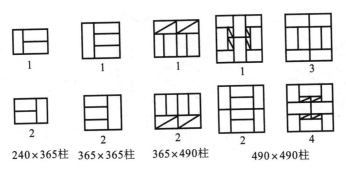

1—第一皮砖；2—第二皮砖；3—第三皮砖；4—第四皮砖

图 1-36　不同断面砖柱分皮砌法

砖垛最小断面尺寸为 120mm×240mm。

砖垛应隔皮与砖墙搭砌，搭砌长度应不小于 1/4 砖长。砖垛外表面上下皮垂直灰缝应相互错开 1/2 砖长，砖垛内部应尽量少通缝，为了错缝，需要加砌配砖。

图 1-37 所示是一砖半厚墙附 120mm×490mm 砖垛和附 240mm×365mm 砖垛的分皮砌法。

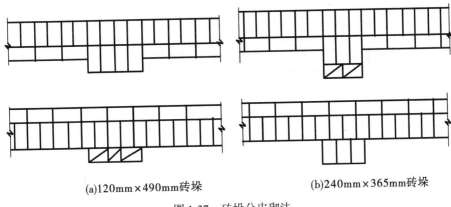

(a)120mm×490mm砖垛　　　　(b)240mm×365mm砖垛

图 1-37　砖垛分皮砌法

5. 多孔砖墙

砌筑清水墙的多孔砖，应边角整齐、色泽均匀。

在常温状态下，多孔砖应提前 1～2d 浇水湿润，砌筑时，砖的含水率宜控制在 10%～15%。

对抗震设防地区的多孔砖墙，应采用"三一"砌砖法砌筑；对非抗震设防地区的多孔砖墙，可采用铺浆法砌筑，铺浆长度不得超过 750mm；当施工期间最高气温高于 30℃时，铺浆长度不得超过 500mm。

方形多孔砖一般采用全顺砌法，多孔砖中，手抓孔应平行于墙面，上下皮垂直灰缝相互错开半砖长。

矩形多孔砖宜采用一顺一丁或梅花丁的砌筑形式，上下皮垂直灰缝相互错开 1/4 砖长，如图 1-38 所示。

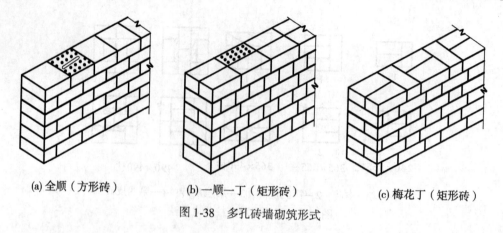

(a) 全顺（方形砖）　　　(b) 一顺一丁（矩形砖）　　　(c) 梅花丁（矩形砖）

图 1-38　多孔砖墙砌筑形式

　　在方形多孔砖墙的转角处，应加砌配砖(半砖)，配砖位于砖墙外角，如图 1-39 所示。

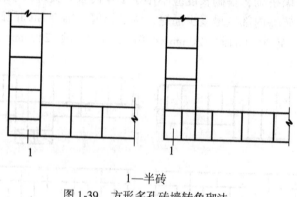

1—半砖

图 1-39　方形多孔砖墙转角砌法

　　在方形多孔砖的交接处，应隔皮加砌配砖(半砖)，配砖位于砖墙交接处外侧，如图 1-40 所示。

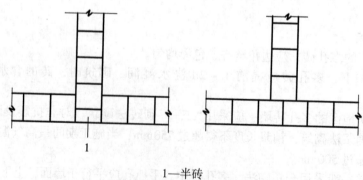

1—半砖

图 1-40　方形多孔砖墙交接处砌法

　　矩形多孔砖墙的转角处和交接处砌法同烧结普通砖墙转角处和交接处的相应砌法。

多孔砖墙的灰缝应横平竖直，水平灰缝厚度和垂直灰缝宽度宜为 10mm，但不应小于 8mm，也不应大于 12mm。

多孔砖墙灰缝砂浆应饱满，水平灰缝的砂浆饱满度不得低于 80%，垂直灰缝宜采用加浆填灌方法，使其砂浆饱满。

除设置构造柱的部位外，多孔砖墙的转角处和交接处应同时砌筑，对不能同时砌筑又必须留置的临时间断处，应砌成斜槎，如图 1-41 所示。

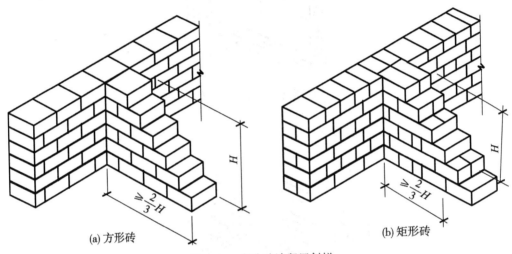

(a) 方形砖　　　　　　　　　　　　(b) 矩形砖

图 1-41　多孔砖墙留置斜槎

施工中，需在多孔砖墙中留设临时洞口，其侧边离交接处的墙面不应小于 0.5m；洞口顶部宜设置钢筋砖过梁或钢筋混凝土过梁。

多孔砖墙中留设脚手眼的规定同烧结普通砖墙中留设脚手眼的规定相同。

多孔砖墙每日砌筑高度不得超过 1.8m，雨天施工时不宜超过 1.2m。

6. 空心砖墙

砌筑空心砖墙时，砖应提前 1~2d 浇水湿润。砌筑时，砖的含水率宜为 10%~15%。

空心砖墙应侧砌，其孔洞呈水平方向，上下皮垂直灰缝相互错开 1/2 砖长。空心砖墙底部宜砌 3 皮烧结普通砖，如图 1-42 所示。

在空心砖墙与烧结普通砖交接处，应以普通砖墙引出不小于 240mm 长与空心砖墙相接，并与隔 2 皮空心砖高在交接处的水平灰缝中设置 $2\phi6$ 钢筋作为拉结筋，拉结钢筋在空心砖墙中的长度不小于空心砖长加 240mm，如图 1-43 所示。

在空心砖墙的转角处，应用烧结普通砖砌筑，砌筑长度角边不小于 240mm。

空心砖墙砌筑不得留置斜槎或直槎，中途停歇时，应将墙顶砌平。在转角处、交接处，空心砖与普通砖应同时砌起。

空心砖墙中不得留置脚手眼，不得对空心砖进行砍凿。

(三) 硅砌体主体的施工

1. 硅墙砌筑

砖墙的砌筑一般有抄平、放线、摆砖、立皮数杆、盘角、挂线、砌筑、勾缝、清理等

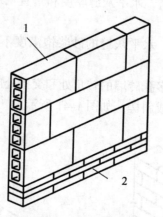

1—空心砖；2—普通砖

图 1-42　空心砖墙

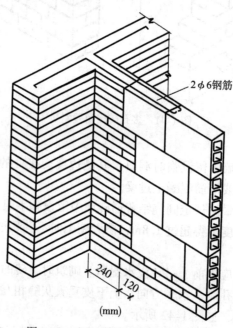

图 1-43　空心砖墙与普通砖墙交接

工序。

　　抄平、放线：砌墙前，先在基础防潮层或楼面上定出各层标高，并用水泥砂浆或 C10 细石混凝土找平，然后根据龙门板上标志的轴线弹出墙身轴线、边线及门窗洞口位置。二楼以上墙的轴线可以用经纬仪或垂球将轴线引测上去。

　　摆砖：又称摆脚，如图 1-44 所示，是指在放线的基面上按选定的组砌方式用干砖试摆，目的是为了校对所放出的墨线在门窗洞口、附墙垛等处是否符合砖的模数，以尽可能减少砍砖，并使砌体灰缝均匀、组砌得当。一般在房屋外纵墙方向摆顺砖，在山墙方向摆丁砖，摆砖由一个大角摆到另一个大角，砖与砖留 10mm 缝隙。

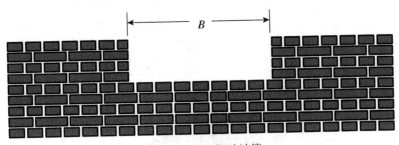

图 1-44　洞口摆砖计算

立皮数杆：皮数杆是指在其上画有每皮砖和灰缝厚度以及门窗洞口、过梁、楼板等高度位置的一种木制标杆，如图 1-45 所示。砌筑时，用来控制墙体竖向尺寸及各部位构件的竖向标高，并保证灰缝厚度的均匀性。

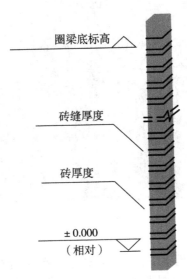

图 1-45　皮数杆示意图

皮数杆一般设置在房屋地四大角以及纵横墙的交接处，当墙面过长时，应每隔 10～15m 立一根。皮数杆需用水平仪统一竖立，使皮数杆上的±0.000 吻合，以后就可以向上接皮数杆。

盘角、挂线：墙角是控制墙面横平竖直的主要依据，所以，一般砌筑时应先砌墙角，墙角砖层高度必须与皮数杆相符合，如图 1-46、图 1-47 所示，做到"三皮一吊，五皮一靠"。墙角必须双向垂直。

墙角砌好后，即可挂小线，作为砌筑中间墙体的依据，以保证墙平整，一般一砖墙、一砖半墙可用单面挂线，一砖半墙以上则应用双面挂线。

砌筑、勾缝：砌筑操作方法各地不一，但应保证砌筑质量要求。通常采用"三一"砌砖法，即一块砖、一铲灰、一揉压，并随手将挤出的砂浆刮去的砌筑方法。这种砌法的优点是灰缝容易饱满、粘结力好、墙面整洁。当采用铺浆法砌筑时，铺浆长度不得超过

750mm；当施工期间气温超过 30℃时，铺浆长度不得超过 500mm。

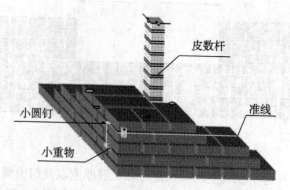

图 1-46 立皮数、盘角、挂线杆示意图

图 1-47 盘角

　　勾缝是砌清水墙的最后一道工序，可以用砂浆随砌随勾缝，叫做原浆勾缝；也可砌完墙后再用 1∶1.5 水泥砂浆或加色砂浆勾缝，称为加浆勾缝。勾缝具有保护墙面和增加墙面美观的作用，为了确保勾缝质量，勾缝前应清除墙面粘结的砂浆和杂物，并洒水润湿，在砌完墙后，应画出 1cm 的灰槽，灰缝可勾成凹、平、斜或凸等形状。勾缝完后，应清扫墙面。

　　清理：清除砌筑部位处所残存的砂浆、杂物等。

　　2. 楼层标高的控制

　　多层建筑物施工中，要由下层梯板向上层传递标高，以便使楼板、门窗口、室内装修等工程的标高符合设计要求。标高传递一般可采用以下几种方法进行：

　　（1）利用皮数杆传递高程。在皮数杆上自±0 起，门窗口、过梁、楼板等构件的标高都已标明。一层楼砌好后，则从一层皮数杆起，一层一层往上接，如图 1-48 所示。

　　（2）利用钢尺直接丈量。当标高精度要求较高时，可用钢尺沿某一墙角自±0 或某一整数高度起，如+500mm，即 50 线（图 1-49）向上直接丈量，把标高传递上去，然后根据由下面传递上来的高程立皮数杆，作为该层墙身砌筑和安装门窗、过梁及室内装修、地坪

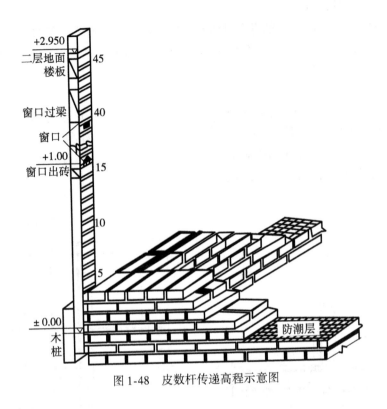

图 1-48　皮数杆传递高程示意图

抹灰时掌握标高的依据。

利用吊钢尺法。在楼梯间吊上钢尺，用水准仪读数，把下层标高传到上层。

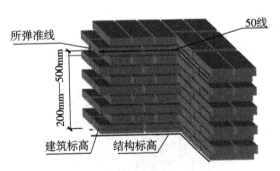

图 1-49　弹标高控制线(50 线)示意图

3. 施工洞口的留设

在墙上留置临时施工洞口，洞口侧边距丁字相交的墙面不小于 500mm，洞口净宽度不应超过 1m，而且洞顶宜设置过梁。对设计规定的设备管道、沟槽、脚手眼和预埋件，应在砌筑墙体时预留和预埋，不得事后随意打凿墙体。抗震设防烈度为 9 度的地区建筑物的临时施工洞口位置，应会同设计单位确定。临时施工洞口应做好补砌。

4. 减少不均匀的沉降

房屋相邻高差较大时，应先建高层部分；分段施工时，砌体相邻施工段的高差，不得超过一个楼层，也不得大于4m；现场施工时，砖墙每天砌筑的高度不宜超过1.8m；雨天施工时，每天砌筑高度不宜超过1.2m。

5. 构造柱施工

墙体与构造柱连接初应砌成马牙槎，马牙槎的高度不宜超过300mm，沿墙高每500mm设置2φ6水平拉结钢筋，每边伸入墙内不宜小于1m，如图1-50、图1-51所示。构造柱和砖组合墙的施工程序应为先砌墙，后浇混凝土构造柱。构造柱施工程序为：绑扎钢筋，砌砖墙，支模板，浇混凝土，拆模。

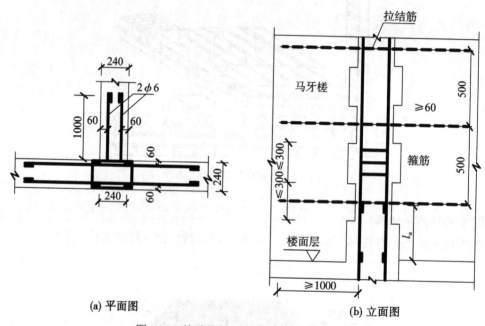

(a) 平面图　　　　　　　　　(b) 立面图

图 1-50　构造柱拉结筋布置及马牙槎施工

图 1-51　构造柱施工

表 1-3 　　　　　　　　　　　　　　　　　　　构造柱尺寸允许偏差

项次	项目			允许偏差（mm）	检查方法
1	柱中心线位置			10	经纬仪检查
2	柱层间错位			8	经纬仪检查
3	柱垂直度	每层		10	经纬仪检查
		全高	10m 以下	15	经纬仪或吊线法检查
			10m 以上	20	经纬仪或吊线法检查

注：来源于《民用多层砖房抗震构造》（03ZG002）。

　　构造柱模板安装时，砖砌体结构构造柱一般采用与墙厚的尺寸，这里以墙厚 240mm 为例，介绍构造柱模板的施工。一般情况下，砖混结构房屋构造柱主要有（图 1-52）：L 形、T 字形、十字形、一字形等，由于构造柱是先砌墙，后浇混凝土，因此砌墙部位就不需要安装模板（马牙槎部位需要）。

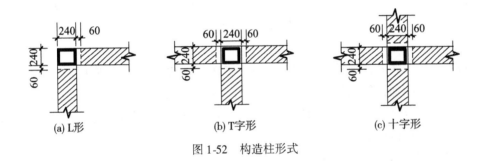

图 1-52　构造柱形式

6. 圈梁施工

　　砌体结构房屋中，在砌体内沿水平方向设置封闭的钢筋混凝土梁，可以提高房屋空间刚度，增加建筑物的整体性，提高砖石砌体的抗剪、抗拉强度，防止由于地基不均匀沉降、地震或其他较大振动荷载对房屋造成的破坏。在房屋的基础上部的连续的钢筋混凝土梁叫做基础圈梁，也叫做地圈梁（DQL）；而在墙体上部的紧挨楼板的钢筋混凝土梁叫做上圈梁。

　　构造柱和圈梁是砖混结构房屋主要的构造措施。

　　在构造柱与圈梁连接处，构造柱纵筋应穿过圈梁，并置于圈梁纵筋以内，当构造柱与圈梁边缘对齐时，应将圈梁纵向钢筋放置在最外侧，构造柱纵筋从圈梁最外侧纵向钢筋内侧通过，以保证构造柱上下贯通。

　　圈梁模板安装的流程是：弹线、找平→安装梁底托木→安装侧楞侧模→安装搭头木。根据工地施工的实际，可以加装对拉螺栓，如图 1-53 所示。

（四）楼板施工

　　砖混结构房屋的楼板主要有两种类型，一种是预应力空心楼板施工，这种楼板是采用在预制场预制的先张法生产的预应力空心板，在圈梁施工完毕并经检查合格后进行安装的

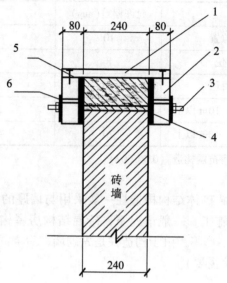

1—横楞(搭头木)；2—圈梁侧楞；3—对拉螺栓；4—PVC 套管；5—侧模板；6—螺栓垫片

图 1-53　圈梁模板图

一种楼板，这种形式的楼板整体性较差，但施工速度较快。为了提高这种楼板的整体性，可以在板与板之间加钢筋板带，有一定的效果。另一种是现浇的钢筋混凝土楼板，这种楼板整体性好、刚度大，特别是汶川地震以后，砖混结构的楼板多采用这种形式，是当前应用得最广的一种楼板形式。

1. 现浇钢筋混凝土楼板施工

这里主要介绍现浇混凝土楼板的模板、钢筋、混凝土施工。

1）楼板模板施工

楼板模板的支设方法有以下几种：

（1）采用脚手钢管搭设排架铺设楼板模板。常采用的支模方法是：用 φ48×3.5 脚手钢管搭设排架，在排架上铺放 50×100 方木，间距为 400mm 左右，作为面板的搁栅（楞木），在其上铺设胶合板面板，如图 1-54 所示。

（2）采用木顶撑支设楼板模板。楼板模板铺设在搁栅上。搁栅两头搁置在托木上，搁栅一般用断面 50mm×100mm 的方木，间距为 400～500mm。当搁栅跨度较大时，应在搁栅下面再铺设通长的牵杠，以减小搁栅的跨度。牵杠撑的断面要求与顶撑立柱一样，下面需垫木楔及垫板。一般用(50～75)mm×150mm 的方木。楼板模板应垂直于搁栅方向铺钉。

楼板模板安装时，先在次梁模板的两侧板外侧弹水平线，水平线的标高应为楼板底标高减去楼板模板厚度及搁栅高度，然后按水平线钉上托木，托木上口与水平线相齐，再把靠梁模旁的搁栅先摆上，等分搁栅间距，摆中间部分的搁栅。最后在搁栅上铺钉楼板模板。为了便于拆模，只在模板端部或接头处钉牢，中间尽量少钉。如中间设有牵杠撑及牵杠，则应在搁栅摆放前先将牵杠撑立起，将牵杠铺平。

1—立杆；2—扫地杆；3—横杆(纵横方向)；4—夹板模板；

5—横楞(木方 50mm×100mm 或 60mm×90mm)

图 1-54 钢管排架模板支撑

2)梁板模板安装要点

(1)支模前，应先在柱或墙上找好梁中心线和标高。

(2)在柱模板的槽口下面钉上托板木，对准中心线，铺设梁底模板。

(3)梁模板必须侧板包底板，板边弹线刨直。主梁与次梁的接合处，在主梁侧板上正确锯好次梁的槽口，画好中心线。

(4)梁底支柱的间距应符合设计要求；如设计无要求，一般当梁高在 500mm 以内时，间距为 1.2m，梁高为 500 ~ 1000mm 时，间距为 1.0m，梁高在 1000mm 以上时，间距为 0.7 ~ 0.8m。支柱之间应设拉杆，离地 0.5m 设一道，以上每隔 2m 设一道。支柱下均垫楔子(校正高低后钉固)和通长垫板((0.5 ~ 0.75)mm×200mm)。若用工具式钢管支柱，也要设水平杆及斜拉杆。梁模支柱的设置应按计算确定，一般采用双支柱时，间距以 0.6 ~ 1.0m 为宜。

(5)梁侧板吊直拉平后，在柱模预留梁槽口的两侧钉上夹口木条，在侧模上口钉上控制梁宽的小木条，在支柱帽上钉斜撑固定侧板，斜撑角度为 45°，当梁高超过 800mm 时，在侧板中加钉通长横木带，两侧横木带应用铅丝或螺栓拉紧加固。

(6)梁较高时，可先安装一面侧板，等钢筋绑扎好后再装另一面侧板。

(7)根据设计标高，在梁侧板上固定水平大横楞，再在上面搁置平台栏栅，一般可以 50mm×100mm 方木立放，间距 0.5m，下面用支柱支撑，拉结条牵牢。板跨超过 2m 时，下面加设大横楞和支柱。

(8)平台栏栅找平后，在上面铺钉木板，铺木板时，只将两端及接头钉牢，中间少钉或不钉，以利拆模。如采用定型模板，则需按其规格距离铺设栏栅，当一块定型模板不够时，可用木板镶满。

3）模板安装注意事项

（1）合理地选择模板安装顺序。一般情况下，模板是自下而上安装的，在安装时应注意模板的稳定。

（2）上下层模板的立柱应当在一条竖向中心线上，以利荷载传递。

（3）底层支柱必须坐落在坚实的基土上，并有足够的支承面积，以保证浇筑混凝土时不致下沉。

（4）承受底层立柱的地基上必须有排水措施。对湿陷性黄土，必须有防止沉陷的措施；对冻胀性土，还必须有防冻融措施。

（5）浇筑混凝土时，要注意观察模板变化，发现位移、鼓胀、下沉、漏浆、支撑松动、地基下沉等现象时，应及时采取有效措施。

（6）当跨度等于或大于4m时，模板应起拱；当设计无具体要求时，起拱高度宜为全跨长度的1/1000～3/1000。

4）模板拆除

（1）在混凝土强度能保证其表面及棱角不因拆除模板而受损坏后，方可拆除侧模。

（2）在混凝土强度符合表1-4规定后，方可拆除底模。强度检验方法：检查同条件养护试件强度试验报告。

（3）对后张法预应力混凝土结构构件，侧模宜在预应力张拉前拆除；底模支架的拆除应按施工技术方案执行，当无具体要求时，不应在结构构件建立预应力前拆除。

（4）模板拆除时，不应对楼层形成冲击荷载。拆除的模板和支架宜分散堆放并及时清运。

拆除程序一般是后支先拆，先支后拆。先拆除非承重部分，后拆除承重部分，重大复杂模板的拆除，事先应制定拆除方案。

表1-4   底模拆除时的混凝土强度要求

构件类型	构件跨度（m）	达到设计的混凝土立方抗压强度标准值的比率（%）
板	≤2	≥50
	>2，≤8	≥75
	>8	≥100
梁、拱、壳	≤8	≥75
	>8	≥100
悬臂构件	—	≥100

2. 钢筋的安装与验收

1）钢筋现场绑扎的准备工作

核对成品钢筋的钢号、直径、形状、尺寸和数量等是否与料单料牌相符，如有错漏，应纠正增补。

准备绑扎用的铁丝、绑扎工具（如钢筋钩、带扳口的小撬棍）、绑扎架等。

钢筋绑扎用的铁丝可采用20～22号铁丝，其中22号铁丝只用于绑扎直径12mm以下的钢筋。因铁丝是成盘供应的，习惯上是按每盘铁丝周长的几分之一来切断。

准备控制混凝土保护层用的水泥砂浆垫块或塑料卡。

水泥砂浆垫块的厚度应等于保护层厚度。垫块的平面尺寸：当保护层厚度等于或小于20mm时为30mm×30mm，大于20mm时为50mm×50mm。当在垂直方向使用垫块时，可在垫块中埋入20号铁丝。

塑料卡的形状有两种：塑料垫块和塑料环圈，如图1-55所示。塑料垫块用于水平构件(如梁、板)，在两个方向均有凹槽，以便适应两种保护层厚度。塑料环圈用于垂直构件(如柱、墙)，使用时，钢筋从卡嘴进入卡腔；由于塑料环圈有弹性，可使卡腔的大小能适应钢筋直径的变化。

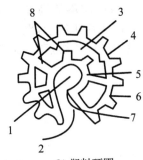

(a) 塑料垫块　　　　　　　(b) 塑料环圈

1—卡腔；2—卡嘴；3—环孔；4—环壁；5—内环；6—外环；7—卡喉；8—卡栅

图1-55　控制混凝土保护层用的塑料卡

画出钢筋位置线。平板或墙板的钢筋，在模板上画线；柱的箍筋，在两根对角线主筋上画点；梁的箍筋，则在架立筋上画点；基础的钢筋，在两向各取一根钢筋画点或在垫层上画线。钢筋接头的位置，应根据来料规格，结合有关接头位置、数量的规定，使其错开，在模板上画线。

绑扎形式复杂的结构部位时，应先研究逐根钢筋穿插就位的顺序，并与模板工联系讨论支模和绑扎钢筋的先后次序，以减少绑扎困难。

2)梁板钢筋绑扎

纵向受力钢筋采用双层排列时，两排钢筋之间应垫以直径≥25mm的短钢筋，以保持其设计距离。

箍筋的接头(弯钩叠合处)应交错布置在两根架立钢筋上，其余同柱。

板的钢筋网绑扎与基础相同，但应注意板上部的负筋，要防止被踩下；特别是雨篷、挑檐、阳台等悬臂板，要严格控制负筋位置，以免拆模后断裂。

板、次梁与主梁交叉处，板的钢筋在上，次梁的钢筋居中，主梁的钢筋在下；当有圈梁或垫梁时，主梁的钢筋在上。

框架节点处钢筋穿插十分稠密时，应特别注意梁顶面主筋间的净距要有30mm，以利于浇筑混凝土。

梁钢筋的绑扎与模板安装之间的配合关系：梁的高度较小时，梁的钢筋架空在梁顶上绑扎，然后再落位；梁的高度较大(≥1.0m)时，梁的钢筋宜在梁底模上绑扎，其两侧模或一侧模后装。

梁板钢筋绑扎时,应防止水电管线将钢筋抬起或压下。

3)混凝土浇筑前的准备工作

对模板及其支架、钢筋、预埋件和预埋管线必须进行检查,并做好隐蔽工程的验收,符合设计要求后方能浇筑混凝土。

在地基或基土上浇筑混凝土时,应清除淤泥和杂物,并应有排水和防水措施。对干燥的非黏性土,应用水湿润;对未风化的岩石,应用水清洗,但其表面不得有积水。

在浇筑混凝土之前,将模板内的杂物和钢筋上的油污等应清理干净;对模板的缝隙及孔洞,应予堵严;对木模板,应浇水湿润,但不得有积水。

4)浇筑混凝土的一般规定

(1)混凝土自高处自由倾落的高度不应超过2m,在浇筑竖向结构混凝土时,倾落高度不应超过3m,否则应采用串筒、溜管、斜槽或振动溜管等下料,如图1-56所示,以防粗骨料下落动能大,积聚在结构底部,造成混凝土分层离析。

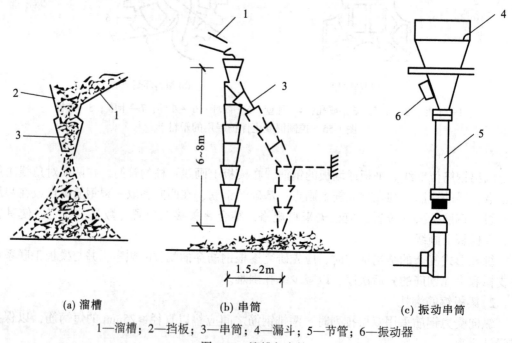

(a) 溜槽   (b) 串筒   (c) 振动串筒

1—溜槽;2—挡板;3—串筒;4—漏斗;5—节管;6—振动器

图1-56 溜槽与串筒

(2)在降雨雪时,不宜露天浇筑混凝土,当需浇筑时,应采取有效措施,以确保混凝土质量。

(3)混凝土必须分层浇筑,浇筑层的厚度应符合表1-5的要求。

表1-5   混凝土浇筑层厚度(mm)

捣实混凝土的方法	浇筑层的厚度
插入式振捣	振捣器作用部分长度的 1.25 倍
表面振动	200

续表

捣实混凝土的方法		浇筑层的厚度
人工捣固	在基础、无筋混凝土或配筋稀疏的结构中	250
	在梁、墙板、柱结构中	200
	在配筋密列的结构中	150
轻骨料混凝土	插入式振捣	300
	表面振动(振动时需加荷)	200

(4)浇筑混凝土应连续进行,当必须间歇时,其间歇时间宜短,并应在前层混凝土凝结之前将次层混凝土浇筑完毕。混凝土运输、浇筑及间歇的全部时间不得超过规定(表1-6)当超过时,应留置施工缝。

(5)由于施工技术和施工组织上的原因,不能连续将结构整体浇筑完成,并且间歇的时间预计将超出规定的时间时而预先选定的适当部位所设置的混凝土浇筑间隔点称为施工缝。施工缝的位置应在混凝土浇筑之前确定,并宜留置在结构受剪力较小且便于施工的部位。施工缝的留置位置应符合下列规定:

表1-6   混凝土运输、浇筑和间歇的时间(min)

混凝土强度等级	气温(℃)	
	≤25	>25
≤C30	210	180
>C30	180	150

①柱,宜留置在基础的顶面、梁或吊车梁牛腿的下面、吊车梁的上面、无梁楼板柱帽的下面,如图1-57所示。

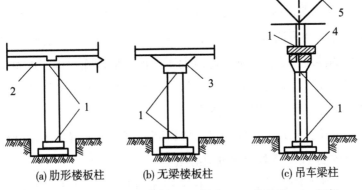

(a)肋形楼板柱   (b)无梁楼板柱   (c)吊车梁柱

1—施工缝;2—梁;3—柱帽;4—漏斗;5—吊车梁;6—屋架

图1-57 柱子施工缝的位置

②与板连成整体的大截面梁，留置在板底面以下 20~30mm 处。当板下有梁托时，留置在梁托下部。

③单向板，留置在平行于短边的任何位置。

④有主次梁的楼板，宜顺着次梁方向浇筑，施工缝应留置在次梁跨度中间 1/3 范围内，如图 1-58 所示。

⑤墙，留置在门洞口过梁跨中 1/3 范围内，也可留在纵横墙的交接处。

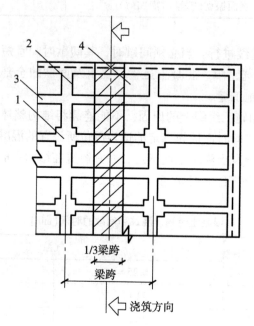

1—柱；2—主梁；3—次梁；4—板

图 1-58　有梁板的施工缝位置

5）施工缝的处理

在施工缝处继续浇筑混凝土时，已浇筑的混凝土抗压强度不应小于 1.2N/mm²。混凝土达到 1.2N/mm² 的时间可通过试验决定，同时，必须对施工缝进行必要的处理。

（1）在已硬化的混凝土表面上继续浇筑混凝土前，应清除垃圾、水泥薄膜、表面上松动砂石和软弱混凝土层，同时还应加以凿毛，用水冲洗干净并充分湿润，一般不宜少于24h，残留在混凝土表面的积水应予以清除。

（2）注意施工缝位置附近回弯钢筋时，要做到钢筋周围的混凝土不受松动和损坏。钢筋上的油污、水泥砂浆及浮锈等杂物也应清除。

（3）在浇筑前，水平施工缝宜先铺上 10~15mm 厚的一层水泥砂浆，其配合比与混凝土内的砂浆成分相同。

（4）从施工缝处开始继续浇筑时，要注意避免直接靠近缝边下料。机械振捣前，宜向施工缝处逐渐推进，并距 80～100cm 处停止振捣，但应加强对施工缝接缝的捣实工作，使其紧密结合。

（5）承受动力作用的设备基础的施工缝处理，应遵守下列规定：

①标高不同的两个水平施工缝，其高低接合处应留成台阶形，台阶的高度比不得大于 1；

②在水平施工缝上继续浇筑混凝土前，应对地脚螺栓进行一次观测校正；

③垂直施工缝处应加插钢筋，其直径为 12～16mm，长度为 50～60cm，间距为 50cm。在台阶式施工缝的垂直面上亦应补插钢筋。

（6）在施工缝处继续浇筑混凝土时，应符合下列规定：

①已浇筑的混凝土，其抗压强度不应小于 $1.2N/mm^2$；

②在已硬化的混凝土表面上，应清除水泥薄膜和松动石子以及软弱混凝土层，并加以充分湿润和冲洗干净，且不得有积水；

③在浇筑混凝土前，宜先在施工缝处铺一层水泥浆或与混凝土内成分相同的水泥砂浆；

④混凝土应细致捣实，使新旧混凝土紧密结合。

（7）混凝土浇筑后，当强度达到 $1.2N/mm^2$ 后，方可上人施工。

3. 预应力空心楼板施工

预应力空心板是砖混结构中主要的形式之一，如图 1-59 所示，如果设计采用预应力空心楼板，那么在圈梁施工完毕达到拆除模板的强度要求后，可以根据施工现场的情况进行预应力空心楼板的安装，安装程序主要为坐浆、吊装、就位、板带施工、灌缝等工序。

图 1-59 预应力空心板

预制钢筋混凝土板的支承长度，在墙上时，不宜小于 100mm；在钢筋混凝土圈梁上时，不宜小于 80mm。当利用板端伸出钢筋拉结和混凝土灌缝时，其支承长度可为 40mm，但板端缝宽不应小于 80mm，灌缝混凝土强度等级不应小于 C20。

空心板板孔应在构件出厂前用 50mm 厚 M2.5 砂浆块堵孔，砂浆块凹进孔内 50～80mm。

（五）砖砌体的质量要求

1. 砖砌体的质量要求（表1-7）

表1-7　　　　　　　　　　　　　　　　砖砌体的位置及垂直度允许偏差

项次	项目			允许偏差（mm）	检验方法
1	轴线位置偏移			10	用经纬仪和尺检查或用其他测量仪器检查
2	垂直度	每层		5	用2m托线板检查
		全高	≤10m	10	用经纬仪、吊线和尺检查，或用其他测量仪器检查
			>10m	20	

（1）横平竖直。水平灰缝的厚度应该不小于8mm，也不大于12mm，适宜厚度为10mm。

（2）砂浆饱满。砌体水平灰缝的砂浆饱满度不得小于80%。

（3）上下错缝。错缝长度一般不应小于60mm。

（4）接槎可靠。砖砌体的转角处和交接处应同时砌筑，严禁无可靠措施的内外墙分砌施工。

对于不能同时砌筑而又必须留置的临时间断处，应砌成斜槎，以保证接槎部位的砂浆饱满，斜槎的水平投影长度不应小于高度的2/3，如图1-60所示。

非抗震设防及抗震设防烈度为6度、7度地区的临时间断处，当不能留斜槎时，除转角处外，也可留直槎，但直槎必须做成凸槎，并加设拉结钢筋每120mm墙厚应放置1φ6拉结钢筋（120mm厚墙放置2φ6）；间距沿墙高不超过500mm；对于非抗震设防地区，埋入长度从留槎处算起，每边均不应小于500mm，而对于抗震设防烈度为6度、7度的地区，则不应小于1000mm；拉结钢筋末端应有90°弯钩。砖砌体接槎时，必须将接槎处的表面清理干净，浇水湿润，如图1-61所示。

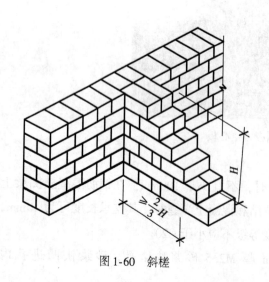

图1-60　斜槎

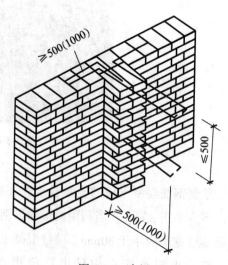

图1-61　直槎

2. 允许偏差符合要求

普通砖砌体的位置及垂直度允许偏差见表1-8。

表1-8　　　　　　　　　　　　　**砖砌体一般尺寸允许偏差**

项次	项　目		允许偏差（mm）	检验方法	抽检数量
1	基础顶面和楼面标高		±15	用水平仪和尺检查	不应少于5处
2	表面平整度	清水墙、柱	5	用2m靠尺和楔形塞尺检查	有代表性自然间10%，但不应少于3间，每间不应少于2处
		混水墙、柱	8		
3	门窗洞口高、宽（后塞口）		±5	用尺检查	检验批洞口的10%，且不应少于5处
4	外墙上下窗口偏移		20	以底层窗口为准，用经纬仪或吊线检查	检验批的10%，且不应少于5处
5	水平灰缝平直度	清水墙	7	拉10m线和尺检查	有代表性自然间10%，但不应少于3间，每间不应少于2处
		混水墙	10		
6	清水墙游丁走缝		20	吊线和尺检查，以每层第一皮砖为准	有代表性自然间10%，但不应少于3间，每间不应少于2处

任务六　施工验收

验收是建筑工程施工最后的一个环节，验收合格，施工单位就可以退场，标志施工阶段工作的结束、结算保修阶段的开始。验收也是检验施工阶段成果的一项重要工作。

一、建筑工程质量验收

建筑工程在施工单位自行质量检查评定的基础上，参与建设活动的有关单位共同对检验批、分项、分部、单位工程的质量进行抽样复验，根据相关标准，以书面形式对工程质量达到合格与否做出确认。

验收包括工程施工质量的中间验收和工程的竣工验收两个方面。

（一）建筑工程施工检验批质量验收合格的规定

主控项目和一般项目的质量应经抽样检验合格。

应具有完整的施工操作依据、质量检查记录。

检验批是工程验收的最小单位，是分项工程乃至整修建筑工程质量验收的基础。

（二）分项工程质量验收合格的规定

分部工程所含的检验批均应符合合格质量的规定。

分项工程所含的检验批的质量验收记录应完整。

（三）分部(子分部)工程质量验收合格规定

（1）分部(子分部)工程所含工程的质量均应验收合格。

（2）质量控制资料应完整。

（3）地基与基础、主体结构和设备安装等分部工程有关安全及功能的检验和抽样检测结果应符合有关规定。

（4）观感质量验收应符合要求。

（四）单位(子单位)工程质量验收合格的规定

（1）单位(子单位)工程所含分部(子分部)工程的质量均应验收合格。

（2）质量控制资料应完整。

（3）单位(子单位)工程所含分部工程有关安全和功能的检测资料应完整。

（4）主要功能项目的抽查结果应符合相关专业质量验收规范的规定。

（5）观感质量验收应符合要求。

观感质量验收，由各个人的主观印象判断，检查结果并不给出"合格"或"不合格"的结论，而是综合给出"好"、"不好"、"一般"等质量评价。

二、验收程序与组织

（一）砌体结构房屋验收的内容

（1）施工单位自检，自评报告。

（2）监理质量评估报告。

（3）勘察、设计单位进行认可。

（4）有完整的主体结构工程档案资料、见证试验档案、监理资料、施工质量保证资料、管理资料和评定资料。

（5）有主体工程验收通知书。

（6）有工程规划许可证复印件(需加盖建设单位公章)。

（7）有中标通知书复印件(需加盖建设单位公章)。

（8）有工程施工许可证复印件(需加盖建设单位公章)。

（9）有混凝土结构子分部工程结构实体混凝土强度验收记录。

（10）有混凝土结构子分部工程结构实体钢筋保护层厚度验收记录。

（二）主体结构验收主要依据

（1）施工验收规范。

（2）国家及地方关于建设工程的强制性标准。

（3）经审查通过的施工图纸、设计变更、工程洽商以及设备技术说明书。

（4）对引进技术或成套设备的建设项目，还应出具签订的合同和国外提供的设计文件等资料。

（5）其他有关建设工程的法律、法规、规章和规范性文件。

（三）主体结构验收组织及验收人员

（1）由建设单位负责组织实施建设工程主体验收工作，建设工程质量监督部门对建设工程主体验收实施监督，该工程的施工、监理、设计等单位参加。

（2）验收人员：由建设单位负责组织主体验收小组。验收组组长由建设单位法人代表或其委托的负责人担任。验收组副组长应至少由一名工程技术人员担任。验收组成员由建设单位负责人、项目现场管理人员及设计、施工、监理单位项目技术负责人或质量负责人组成。

（四）主体工程验收的程序

建设工程主体验收按施工企业自评、设计认可、监理核定、业主验收、政府监督的程序进行。

（1）施工单位主体结构工程完工后，向建设单位提交建设工程质量施工单位（主体）报告，申请主体工程验收。

（2）监理单位核查施工单位提交的建设工程质量施工单位（主体）报告，对工程质量情况做出评价，填写建设工程主体验收监理评估报告。

（3）建设单位审查施工单位提交的建设工程质量施工单位、（主体）报告，对符合验收要求的工程，组织设计、施工、监理等单位的相关人员组成验收组。

（4）建设单位在主体工程验收3个工作日前，将验收的时间、地点及验收组名单报至质监站。

（5）建设单位组织验收组成员在质监站监督下，在规定的时间内完成全面验收。

三、检验批的验收

（一）检验批的划分

分项工程可由一个或若干检验批组成，检验批可根据施工及质量控制和专业验收需要按楼层、施工段、变形缝等进行划分，示例见附录二。

砌体工程检验批验收时，其主控项目应全部符合规范的规定；一般项目应有80%及以上的抽检处符合规范的规定，或偏差值在允许偏差范围以内。

主控项目建筑工程中的对安全、卫生、环境保护和公众利益起决定性作用的检验项目。一般项目是指除主控项目以外的检验项目。

（二）主控项目

（1）砖和砂浆的强度等级必须符合设计要求。

抽检数量：每一生产厂家的砖到现场后，按烧结砖15万块、多孔砖5万块、灰砂砖及粉煤灰砖10万块各为一验收批，抽检数量为1组。

砌体水平灰缝的砂浆饱满度不得小于80%。

抽检数量：每检验批抽查不应少于5处。

检验方法：用百格网检查砖底面与砂浆的粘结痕迹面积。每处检测3块砖，取其平均值。

（2）砌体水平灰缝的砂浆饱满度不得小于80%。

抽检数量：每检验批抽查不应少于 5 处。

检验方法：用百格网检查砖底面与砂浆的粘结痕迹面积。每处检测 3 块砖，取其平均值。

(3)砖砌体的转角处和交接处应同时砌筑，严禁无可靠措施的内外墙分砌施工。不能同时砌筑而又必须留置的临时间断处，应砌成斜槎，斜槎水平投影长度不小高度的 2/3。

抽检数量：每检验批抽 20% 接槎，且不应少于 5 处。

检验方法：观察检查。

(4)非抗震设防及抗震设防烈度为 6 度、7 度地区的临时间断处，当不能留斜槎时，除转角处外，可留直槎，但直槎必须做成凸槎。留直槎处应加设拉结钢筋，拉结钢筋的数量为每 120mm 墙厚放置 1φ6 拉结钢筋(120mm 厚墙放置 2φ6 拉结钢筋)，间距沿墙高不应超过 500mm；埋入长度从留槎处算起每边均不应小于 500mm，对抗震设防烈度 6 度、7 度的地区，不应小于 1000mm；末端应有 90°弯钩。

抽检数量：每检验批抽 20% 接槎，且不应少于 5 处。

检验方法：观察和尺量检查。

合格标准：留槎正确，拉结钢设置数量、直径正确，竖向间距偏差不超过 100mm，留置长度基本符合规定。

多孔砖砌体根据砖规格尺寸，留置斜槎的长高比一般为 1 : 2。

(5)砖砌体的位置及垂直度允许偏差应符合表 1-9 的规定。

表 1-9 砖砌体的位置及垂直度允许偏差

项次	项目			允许偏差(mm)	检验方法
1	轴线位置偏移			10	用经纬仪和尺检查或用其他测量仪器检查
2	垂直度	每层		5	用 2m 托线板检查
		全高	≤10m	10	用经纬仪、吊线和尺检查，或用其他测量仪器检查
			>10m	20	

抽检数量：轴线查全部承重墙柱；外墙垂直度全高查阳角，不应少于 4 处，每层 20m 查一处；内墙按有代表性的自然间抽 10%，但不应少于 3 间。

(三)一般项目

(1)砖砌体组砌方法应正确，上下错缝，内外搭砌，砖柱不得采用包心砌法。

抽检数量：外墙每 20m 抽查一处，每处 3～5m，且不应少于 3 处；内墙按有代表性的自然间抽 10%，且不应少于 3 间。

检验方法：观察检查。

合格标准：除符合本条要求外，清水墙、窗间墙无通缝；混水墙中长度大于或等于 300mm 的通缝每间不超过 3 处，且不得位于同一面墙体上。

(2)砖砌的灰缝应横平竖直、厚薄均匀。水平灰缝厚度宜为 10mm，但不应小于 8mm，也不应大于 12mm。

　　抽检数量：每步脚手架施工的砌体，每 20m 抽查 1 处。

　　检验方法：用尺量 10 皮砖砌高度折算。

　　（3）砖砌体的一般尺寸允许偏差应符合表 1-10 的规定。

表 1-10　　　　　　　　　　　　　　**砖砌体一般尺寸允许偏差**

项次	项　目		允许偏差（mm）	检验方法	抽检数量
1	基础顶面和楼面标高		±15	用水平仪和尺检查	不应少于 5 处
2	表面平整度	清水墙、柱	5	用 2m 靠尺和楔形塞尺检查	有代表性自然间 10%，但不应少于 3 间，每间不应少于 2 处
		混水墙、柱	8		
3	门窗洞口高、宽（后塞口）		±5	用尺检查	检验批洞口的 10%，且不应少于 5 处
4	外墙上下窗口偏移		20	以底层窗口为准，用经纬仪或吊线检查	检验批的 10%，且不应少于 5 处
5	水平灰缝平直度	清水墙	7	拉 10m 线和尺检查	有代表性自然间 10%，但不应少于 3 间，每间不应少于 2 处
		混水墙	10		
6	清水墙游丁走缝		20	吊线和尺检查，以每层第一皮砖为准	有代表性自然间 10%，但不应少于 3 间，每间不应少于 2 处

小　　结

　　（1）建筑质量和施工安全是施工企业永远的主题，砖砌体的组砌方式、材料质量的控制要点、砖墙砌筑施工要点、施工安全技术和施工验收是本章主要阐述的内容。

　　（2）砖混结构中的混凝土、钢筋、模板施工也是本章的重要内容，要求学生掌握不同构件模板的施工工序、现场搅拌混凝土和商品混凝土的使用、钢筋的加工和安装等内容。

　　（3）施工脚手架的相关内容学习中，要求学生重点掌握钢管扣件式脚手架的构造、搭设要求及拆除规定，了解碗口式脚手架、里脚手架的相关知识。

思 考 题

一、填空题

1. 砌筑砂浆中使用的砂宜为____砂（粗、中、细），并应过筛。

2. 砖砌体的组砌方式主要有_____、_____、_____、_____（至少答出四种）。

3. 砖墙的灰缝厚度一般宜控制在_____mm。

4. 一般基础的砂浆宜选用_____砂浆。

5. 皮数杆的间距一般为_____m。

6. 砖砌体的砌筑质量要达到_____、_____、_____、_____、_____等要求。

7. 扣件式钢管脚手架的扣件有_____、_____、_____三种形式。

8. 里脚手架主要有_____、_____两种。

二、名词解释

1. 大放脚

2. 三一砌砖法

3. 皮数杆

三、单项选择题

1. 灰砂砖、煤渣砖的含水率应控制在（　　）之间。

A. 3%～5% 　　　　　　　　　　B. 5%～8%

C. 10%～15% 　　　　　　　　　D. 8%～10%

2. 纯微沫剂在砂浆中的掺量一般为水泥用量为（　　）。

A. 0.5/10000～1/10000 　　　　B. 1/10000～2/10000

C. 0.1/10000～0.5/10000 　　　 D. 3/10000～5/10000

3. 检测砂浆的强度等级的试件尺寸为（　　）。

A. 7.07cm×7.07cm×7.07cm 　　B. 100cm×100cm×100cm

C. 150mm×150mm×150mm 　　 D. 30mm×30mm×290mm

4. 按规定砂浆应随拌随用，在35℃的情况下，水泥砂浆宜在拌成后（　　）h内使用完毕。

A. 2 　　　　　B. 3 　　　　　C. 4 　　　　　D. 2.5

5. 砂浆抽样频率应按以下规定进行（　　）。

A. 每一楼层应至少制作3块试件 　B. 每350m³的砌体砂浆应制作一组试件

C. 基础砌体应制作一组试件 　　　D. 每台搅拌机应至少抽检三次

6. 砖基础的砌筑方式一般采用（　　）。

A. 一顺一丁 　　B. 三顺一丁 　　C. 梅花丁 　　　D. 全顺式

7. 砖砌体的砂浆饱满度应满足（　　）。

A. 80% 　　　B. 85% 　　　C. 90% 　　　　D. 75%

8. 砂浆饱满度和砖砌体的表面平整度用（　　）检测。

A. 百格网、直尺及塞尺　　　　　　　B. 百格网、托线板

C. 托线板、塞尺　　　　　　　　　　D. 直尺、水准仪

9. 某三七墙在转角处没有 GZ，则需设拉筋为(　　)。

A. 2φ6@600　　　　　　　　　　　B. 3φ6@500

C. 2φ6@500　　　　　　　　　　　D. 2φ8@500

10. 跨度 5.7m 梁模板拆除时，混凝土强度设计无明确规定，则拆除底模及其支架时混凝土强度要达到的强度等级是(　　)MPa。

A. 20　　　　　　B. 10　　　　　　C. 15　　　　　　D. 22.5

11. 砂浆饱满度和砖砌体的表面平整度用(　　)检测。

A. 百格网、直尺及塞尺　　　　　　B. 百格网、托线板

C. 托线板、塞尺　　　　　　　　　D. 直尺、水准仪

12. 某悬臂构件悬挑长度为 1.2m，拆除底模及支架时，混凝土强度需达到设计强度的(　　)。

A. 85%　　　　　　B. 75%　　　　　　C. 90%　　　　　　D. 100%

四、问答题

1. 简述砖砌体的施工工艺流程。

2. 简述脚手架的作用及基本要求。

3. 井架和龙门架使用中应注意哪些问题？

4. 某学生公寓楼新建工程质量验收合格的规定有哪些？

5. 砌体结构房屋竣工验收的内容有哪些？

学习情境二　砌块砌体结构施工

【学习目标】　学生通过学习本学习情境，掌握砌块砌体结构工程施工准备及施工的程序，要求达到熟悉施工工序、施工工艺的目的，会进行图纸会审，能进行施工测量放线，能组织施工等。

【学习要求】　要求学生在学习的过程中，有从教室的理论学习到实训室的现场操作的完整过程，并且要有记载，要求学生首先学习有关砌块砌体结构过程施工的理论，包括施工工艺、施工过程、施工的对象、使用的工具等。

要求老师从理论教学到现场实训全程指导，实训要有场地，有方案，并且是完整的施工过程，施工过程要有详细的记载。

【学习重点】

1. 材料质量的控制要点；
2. 砌块砌体的组砌方式；
3. 砌筑施工要点；
4. 施工安全技术；
5. 施工验收。

【学习难点】

1. 施工质量控制要点；
2. 砌块砌体的施工质量标准；
3. 施工验收。

任务一　施工物资及机械的准备

砌体工程主要应用在框架结构、框架剪刀墙结构房屋中作为填充墙，也有承重的砌体用于砖混结构房屋，下面主要介绍中小型砌块砌体施工准备。

一、机械准备

中型砌块体积大、单个质量较大，人力搬运困难，因此砌块安装需要小型起重机设备，常用的机具是台灵架和专用夹具，如图2-1、图2-2所示。

二、主要材料准备

（一）砌块

砌块是用于砌筑的、形体大于砌墙砖的人造块材，一般为直角六面体。按产品主规格的尺寸，砌块可分为大型砌块（高度大于980mm）、中型砌块（高度为380～980mm）和小

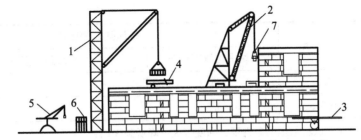

1—井架；2—台灵架；3—杠杆车；4—砌块车；5—少先吊；6—砌块；7—砌块夹

图 2-1　中型砌块吊装示意图

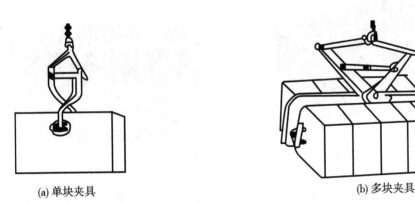

(a) 单块夹具　　　　　　　　　　　　(b) 多块夹具

图 2-2　砌块夹具

型砌块(高度大于 115mm，小于 380mm)。砌块高度一般不大于长度或宽度的 6 倍，长度不超过高度的 3 倍。根据需要，也可生产各种异型砌块。

砌块是一种新型墙体材料，可以充分利用地方资源和工业废渣，并可节省黏土资源和改善环境，具有生产工艺简单、原料来源广、适应性强、制作及使用方便、可改善墙体功能等特点，因此发展较快。

1. 混凝土空心砌块

混凝土空心砌块是以水泥、砂、石和水制成的，有竖向方孔，其主要规格尺寸为 390mm×190mm×190mm，如图 2-3、图 2-4 所示。

混凝土空心砌块按其力学性能分为 MU15、MU10、MU7.5、MU5、MU3.5 五个强度等级，各强度等级的抗压强度应符合表 2-1 的规定。

表 2-1　　　　　　　　　　　　**混凝土空心砌块力学性能**

等级	强度等级	抗压强度（MPa）	
		5 块平均值不小于	单块最小值不小于
一等	MU15	15	12
	MU10	10	8
	MU7.5	7.5	6

等级	强度等级	抗压强度（MPa）	
		5 块平均值不小于	单块最小值不小于
二等	MU5	5	4
	MU3.5	3.5	2.8

注：非承重砌块在有试验数据的条件下，强度等级可降低到 MU2.8。

图 2-3　普通混凝土小型空心砌块

图 2-4　采用泡沫填充的混凝土砌块

混凝土空心砌块按其外观质量分为一等品和二等品。外观质量应符合表 2-2 的规定。

表 2-2　　　　　　　　　　　　　混凝土空心砌块外观质量

项目	指标	
	一等品	二等品
（1）尺寸允许偏差不大于（mm）		
长度	±3	±3
宽度	±3	±3
高度	±3	+3，-4
（2）最小外壁厚（mm）	30	30
（3）最小肋厚（mm）	25	25
（4）弯曲不大于（mm）	2	3
（5）缺棱掉角		
个数不大于	2	2
三个方向投影尺寸之最小值不大于（mm）	20	30
（6）裂纹延伸的投影尺寸累计不大于（mm）	20	30

注：非承重砌块在有试验数据的条件下，最小外壁厚和最小肋厚可不受表中限制。

2. 加气混凝土砌块

加气混凝土砌块以水泥、矿渣、砂、石灰等为主要原料，加入发气剂，经搅拌成型、蒸压养护而成的实心砌块，如图 2-5 所示。

加气混凝土砌块一般规格有两个系列：

1）A 系列

长度：600mm

宽度：75、100、125、150、175、200、275mm……（以 25mm 递增）。

高度：200、250、300mm。

2）B 系列

长度：600mm。

宽度：60、120、180、240mm……（以 60mm 递增）。

高度：240、300mm。

图 2-5　加气混凝土砌块

加气混凝土砌块按其力学性能，可分为 MU7.5、MU5、MU3.5、MU2.5、MU1 五个强度等级，各强度等级的抗压强度应符合表 2-3 的规定。

表 2-3　　　　　　　　　　　　　　加气混凝土砌块力学性能

容重等级	强度等级	抗压强度（MPa）	
		5 组平均值不小于	1 组最小值不小于
07、08	MU7.5	7.5	6.0
06、07	MU5	5.0	4.0
05、06	MU3.5	3.5	2.8
04、05	MU2.5	2.5	2.0
03	MU1	1.0	0.8

加气混凝土砌块按其容重可分为 08、07、06、05、04、03 六个容重等级。

加气混凝土砌块按其容重、外观质量，可分为优等品（A）、一等品（B）、合格品（C），各等级的干容重应符合表 2-4 的规定，外观质量应符合表 2-5 的规定。

表2-4 加气混凝土砌块干容重

容重等级	砌块干容重不大于(kg/m³)		
	优等品	一等品	合格品
03	300	330	350
04	400	430	450
05	500	530	550
06	600	630	650
07	700	730	750
08	800	830	850

表2-5 加气混凝土砌块外观质量

项目	指标		
	优等品	一等品	合格品
尺寸允许偏差不大于(mm)			
长度	±4	±5	±6
宽度	±2	±3	±4
高度	±2	±3	±4
缺棱最大、最小尺寸不得同时大于(mm)	100、20		
掉角最大、最小尺寸不得同时大于(mm)	70、30		
平面弯曲最大处尺寸不得大于(mm)	5		
完整面不得少于	一个大面		
裂纹 (1)贯穿一面二棱超过缺棱掉角规定的裂纹或断裂	不允许		
(2)在一面上的裂纹长度不得大于裂纹方向尺寸的	1/2		
(3)贯穿一棱二面的裂纹长度不得大于裂纹所在面 的裂纹方向尺寸总和的	1/3		
爆裂、粘模和损坏深度不得大于(mm)	30		
表面疏松、层裂	不允许		

注：完整面是指表面没有裂纹、爆裂和长宽高三个方向均大于20mm的缺棱掉角的缺陷者。

3. 粉煤灰砌块

粉煤灰砌块是以粉煤灰、石灰、石膏和骨料等为主要原料，经搅拌成型、蒸汽养护而成的实心砌块，砌块端面带有灌浆槽。

粉煤灰砌块主规格尺寸为880mm×380mm×240mm、880mm×430mm×240mm 两种，如图 2-6 所示。

粉煤灰砌块按其力学性能，可分为 MU13 及 MU10 两个强度等级。各强度等级的抗压强度及人工碳化后的强度应符合表 2-6 的规定。

图 2-6 粉煤灰砌块

表 2-6 粉煤灰砌块力学性能

产品等级	强度等级	抗压强度（MPa）		人工碳化后强度（MPa）不小于
		3 块平均值不小于	单块最小值不小于	
一等	MU13	13	10.5	7
合格	MU10	10	8	8

粉煤灰砌块按其外观质量和干缩性能分为一等品（B）和合格品（C），外观质量应符合表 2-7 的规定。

表 2-7 粉煤灰砌块外观质量

项目		指标	
		一等品	合格品
尺寸允许偏差不大于（mm）	长度	+4，–6	+5，–10
	宽度	±3	±6
	高度	+4，–6	+5，–10
表面疏松		不允许	
贯穿面棱的裂缝		不允许	
任一面上的裂缝长度，不得大于裂缝方向砌块尺寸的		1/3	
石灰团、石膏团		直径大于 5mm 的不允许	
粉煤灰团、空洞和爆裂		直径大于 30mm 的不允许	直径大于 50mm 的不允许
局部突起高度不大于（mm）		10	15

项目		指标	
		一等品	合格品
翘曲不大于(mm)		6	8
缺棱掉角在长宽高三个方向上投影的最大值不大于(mm)		30	50
高低差不大于(mm)	长度方向	6	8
	宽度方向	4	6

4. 轻骨料混凝土砌块

轻骨料混凝土砌块常用品种有煤矸石混凝土空心砌块、煤渣混凝土空心砌块、浮石混凝土空心砌块及各种陶粒混凝土空心砌块等，如图2-7、图2-8所示，其尺寸允许偏差和抗压强度见表2-8、表2-9。

图2-7　轻骨料混凝土小型空心砌块(陶粒)

图2-8　用泡沫颗粒做骨料的空心砖近景

煤矸石混凝土空心砌块是以水泥为胶结料，以自然过火煤矸石为粗细骨料，按一定配合比加水搅拌，经振动成型、养护而制成的，有外墙砌块和内墙砌块两类。外墙砌块主规格为290mm×290mm×190mm，内墙砌块主规格为290mm×190mm×190mm，其强度等级为MU3.5～MU10。

煤渣混凝土空心砌块是以水泥为胶结料，以煤渣为骨料，按一定配合比加水搅拌，经振动成型、养护而制成的，主规格为390mm×190mm×190mm。

浮石混凝土空心砌块是以水泥为胶结料，以细砂或粉煤灰为细骨料，以浮石为粗骨料，按一定配合比加水搅拌、浇注、振动、养护而制成的，主规格为390mm×190mm×190mm，其强度等级为MU2.5～MU10。

黏土陶粒大孔混凝土空心砌块是以水泥为胶结料，以黏土陶粒为粗骨料(无细骨料)，按一定配合比加水搅拌，经浇注、振动、养护而制成的，主规格为600mm×(125～300)mm×250mm。其强度等级为MU2.5。

轻质黏土陶粒混凝土空心砌块是以水泥为胶结料，轻质黏土陶粒为粗骨料，按一定配合比加水搅拌，经浇注、振动、养护而制成的，外墙砌块主规格为 390mm×190mm×190mm，内墙砌块主规格为 390mm×190mm×190mm，其强度等级为 MU3.5、MU5 等。

粉煤灰陶粒混凝土空心砌块是以水泥为胶结料，以粉煤灰陶粒为粗骨料，以轻砂或重砂为细骨料，按一定配合比加水搅拌，经浇注、振动、养护而制成的，分全轻砌块（用轻砂）和砂轻砌块（用重砂）两类，全轻砌块主规格为 390mm×190mm×190mm，强度等级为 MU2.5、MU3；砂轻砌块主规格为 390mm×190mm×190mm，强度等级为 MU3.5～MU10。

表 2-8　　　　　　　　　　　轻骨料混凝土小型空心砌块尺寸允许偏差

项目		优等品	一等品	合格品
缺棱掉角（个数）	不多于	0	2	2
三个方向投影最小值（mm）	不多于	0	20	30
裂缝延伸投影的累计尺寸（mm）	不多于	0	20	30

表 2-9　　　　　　　　　　　轻骨料混凝土小型空心砌块的抗压强度

强度等级	砌块抗压强度（MPa）		密度等级范围不小于
	5 块平均值不小于	单块最小值不小于	
MU1.5	1.5	1.2	800
MU2.5	2.5	2.0	800
MU3.5	3.5	2.8	1200
MU5	5	4.0	1200
MU7.5	7.5	6.0	1500
MU10	10	8.0	1500

（二）施工放线准备及砌块排列准备

1. 放线准备

墙体施工前，应用钢尺校核房屋的放线尺寸，其允许偏差不应超过表 2-10 的规定，并按照设计图纸的要求弹好墙体轴线、中心线或墙体边线。

表 2-10　　　　　　　　　　　放线尺寸的允许偏差

长度 L、宽度 B（m）	允许偏差（mm）	长度 L、宽度 B（m）	允许偏差（mm）
L（或 B）≤30	±5	60<L（或 B）≤90	±5
30<L（或 B）≤60	±10	L（或 B）>90	±20

2. 砌块的排列与组砌

砌块排列时，应根据砌块尺寸和垂直灰缝的宽度（8～12mm）、水平缝的厚度（8～

12mm)计算砌块砌筑匹数和排数,尽量采用主规格。砌块一般采用全顺组砌,上下皮错缝1/2砌块长度,上下皮砌块应孔对孔、肋对肋,个别无法对孔砌筑时,可错孔砌筑,但其搭接长度不应小于90mm。如不能满足要求的搭接长度时,应在灰缝中设拉结钢筋。在外墙转角处和纵横交接处,砌块应分皮咬槎,交错搭接。由于黏土砖与空心小型砌块的材料性能不同,对承重墙体不得采用砌块与黏土砖(灰砂砖)混合砌筑。

砌块应从外墙转交处或定位砌块处开始砌筑。砌块应底面朝上砌筑,称反砌法。生产小型空心砌块时,因抽芯脱模需要,孔洞模芯有一定的锥度,形成孔洞上口大、底口小,因此利用底面朝上便于铺设砂浆,也便与对肋砌筑时砌块的摆放。若使用一端有凹槽的砌块时,应将有凹槽的一端接着平头的一端砌筑。砌块应逐块铺砌,全部灰缝应均匀填铺砂浆,水平灰缝宜用坐浆法铺浆。竖缝可先在砌块端头铺满砂浆(即将砌块铺浆的端面朝上,依次紧密排列、铺浆),然后将砌块上墙挤压至要求的尺寸;也可在砌筑好的砌块端头刮满砂浆,然后将砌块上墙。水平灰缝的砂浆饱满度不低于90%,竖缝砂浆饱满度不得低于80%。墙体临时间断处应设置在门窗洞口处,或砌成阶梯形斜槎(斜槎长度≥2/3斜槎高度);如设置斜槎有困难时,也可砌成直槎,但必须采用拉结网片或采取其他构造措施。在圈梁底部或梁端支承处,一般可先用C15混凝土填实砌块孔洞后砌筑。砌筑前,应根据设计图纸,绘制墙体砌块排列图,计算出各种不同规格砌块的数量。砌块吊装前,应先绘制砌块排列图,以指导吊装砌块,为施工作准备(图2-9)。

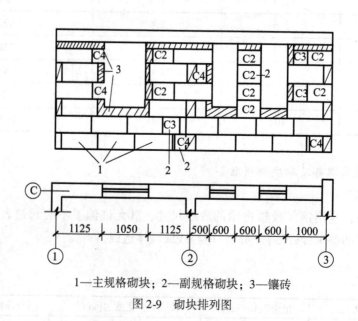

1—主规格砌块;2—副规格砌块;3—镶砖

图2-9　砌块排列图

3. 皮数杆制作

砌筑前应根据排列图画出并制作皮数杆,杆上注明砌块的高度、皮数、灰缝厚度及门窗洞口高度,并将皮数杆竖立于墙的转角处和交接处,皮数杆的间距宜小于15m。

任务二　砌块砌体结构施工

一、施工工艺

砌块砌体施工的主要施工流程包括铺浆、吊装砌块就位、校正、灌缝和镶砖等。砌块的生产龄期不应小于 28 天，砌筑时，应清除砌筑表面污物和芯柱所用砌块孔洞的底部毛边，砌块一般不需要浇水，但当天气炎热干燥时，可提前洒水湿润。对粉煤灰砌块、轻骨料混凝土小砌块，可提前 2d 浇水湿润。对加气混凝土砌块，应向砌筑面适量浇水。

二、施工要求

搭接长度：在水平灰缝中设置直径为 6mm 的钢筋或直径为 4mm 的钢筋网片，钢筋长度不应少于 700mm。

转角处：在砌块墙的转角处，纵、横墙砌块应隔皮相互搭接。

交接处：在砌块墙与承重墙或柱交接处，应在承重墙或柱的水平灰缝内预埋拉结钢筋。拉结钢筋沿墙或柱高为 $2\phi6@1000$（带弯钩），同时其埋置于砖块墙水平灰缝中的长度不小于 700mm。

灰缝：砌块砌体的水平灰缝厚度应为 10~20mm；当水平灰缝中有配筋或柔性拉结条时，其厚度应为 20~25mm。砌块砌体的竖直灰缝宽度应为 15~20mm；当竖缝宽度大于 30mm 时，应该采用强度等级不低于 C20 的细石混凝土填实；当竖缝宽度大于或等于 150mm 时，要用灰砂砖镶砌。

芯柱：对于混凝土小型空心砌块砌体，应在墙体的下列部位设置芯柱：在外墙转角处、楼梯间四角的纵横墙交接处等部位的三个孔洞，均应设置素混凝土芯柱；五层及五层以上的房屋，则应在上述部位设置钢筋混凝土芯柱，芯柱截面不宜小于 120mm×120mm，芯柱应沿房屋的全高贯通，并与各层圈梁整体现浇。

三、材料质量控制要点

（一）砌块质量控制要点

一般砌体所用的材料，除满足强度计算要求外，还应符合下列要求：

（1）对室内地面以下的砌体，应采用普通混凝土小砌块和不低于 M5 的水泥砂浆；

（2）对五层及五层以上的民用房屋的底层墙体，应采用不低于 MU5 的小砌块和 M5 的混合砂浆。

（二）小砌块的要求

（1）砌块应按排列图的规格、数量、要求，运至每道墙的脚手架上。

（2）严禁使用断裂砌块和壁肋中有凹形裂纹的砌块，且不得与黏土砖或其他材质的块体混合砌筑。

（3）龄期不足 28d 及潮湿的小砌块，不得进行砌筑。

（4）严禁对砌块进行浇水、浸水湿润，当天气干热时，可稍微喷水湿润，并有防水、排水措施。对轻集料混凝土空心砌块，宜提前 2d 以上适当浇水湿润。

（5）应尽量使用主规格的小砌块，小砌块的强度等级应符合设计要求。

（6）应清除小砌块表面污物和芯柱用小砌块孔洞底部的毛边。

（7）芯柱必须保证 120mm×120mm 的孔洞尺寸，多用半封底砌块，砌筑时，应将芯柱的飞边打掉，并清除砌块表面的污物和毛边，以保证孔洞贯通。

（三）砌块进场验收及堆放

（1）小砌块出厂和进入施工现场，应按有关国家标准进行验收。验收项目包括小砌块的等级、标记、相对含水率、抗渗性、抗冻性等指标，以及小砌块的检验、产品出厂合格证、材料准用证等。应对进场的小砌块随机抽样进行外观质量复验和抗压强度复验。

（2）装卸小砌块时，严禁倾卸丢掷，并应整齐堆放。对运到现场的小砌块，应按不同规格和强度等级分别堆放整齐，堆垛上应设标志，堆放场地必须平整，并做好排水。其堆放高度不宜超过 1.6m，堆垛之间应保留一定宽度的运输通道。堆垛上要有防雨措施，防止砌块受潮，否则砌筑后易引起墙体收缩开裂。

（3）小砌块的重量比较大，故应将小砌块从堆放场地直接运输到工人操作地点，一般将小砌块堆放在托盘上，用塔吊、轮胎吊、井架长扒杆、独立长臂扒杆等，直接运送到操作地点。

（四）砂浆质量控制要点

（1）小砌块的砌筑砂浆宜用水泥混合砂浆，由胶结料、细骨料、水、掺加料和外加剂按一定比例配置而成。

（2）配置砂浆的水泥应优先采用 32.5 级或 42.5 级的水泥，出厂日期超过 3 个月时，应进行复试，并按实验结果使用；砂宜选用中砂，应过筛，并应控制含泥量不超过 5%，外加剂、掺和料及水均应符合有关规定。

（3）砂浆应用机械搅拌。加料应按细集料、掺和料、水泥的顺序，先干拌 1min，再加水湿拌，总的搅拌时间不得少于 4min。

（4）砂浆必须搅拌均匀，随拌随用，盛在灰槽内的砂浆如有泌水现象，则砌筑前应重新搅拌。砂浆的存放时间不得超过 4h，天气炎热（30 以上）时，必须在 2~3h 内用完，隔夜砂浆未经处理不得使用。

砂浆稠度，对普通混凝土小型砌块，宜为 50mm；对轻集料混凝土小型砌块，宜为 70mm。

（5）施工过程中，砌筑每一楼层墙体或 250m³ 砌体，每一种强度等级的砂浆至少制作两组（每组 6 个）试块，试块尺寸为 70.7mm×70.7mm×70.7mm，经 28d 的标准养护，进行抗压强度试验。

四、混凝土小型空心砌块砌体施工

（一）小型空心砌块的砌筑形式

混凝土空心砌块的主规格为 390mm×190mm×190mm，墙厚等于砌块的宽度，其立面砌筑形式只有全顺一种，即各皮砌块均为顺砌，上下皮竖缝相互错开 1/2 砌块长，上下及砌块孔洞相互对准，如图 2-10 所示。

（二）小型空心砌块墙砌筑要点

（1）砌块砌筑前，应根据砌块高度和灰缝厚度计算皮数，制作皮数杆，并将皮数杆竖

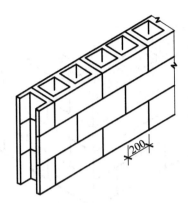

图 2-10　小型混凝土空心砌块墙的砌筑形式

立于墙的转角处和交接处，皮数杆间距宜小于 15m。

（2）砌块的生产龄期不应小于 28d，并清除砌块表面污物和芯柱所用砌块孔洞的底部毛边。

（3）砌块一般不需浇水，当天气炎热且干燥时，可提前喷水湿润。

（4）必须遵守"反砌"原则，每皮砌块应使其底面朝上砌筑。

（5）砌块应对孔错缝搭砌，个别情况下无法对孔砌筑时，允许错孔砌筑，但搭接长度不应小于 90mm。如不能满足上述要求时，应在砌块的水平灰缝内设置拉结钢筋或钢筋网片。拉结钢筋可用 2 根直径 6mm 的Ⅰ级钢筋，钢筋网片可用直径 4mm 的钢筋焊接而成。拉结钢筋或钢筋网片的长度不应小于 700mm，但竖向通缝不得超过两皮砌块。

（6）水平灰缝应平直，按净面积计算的砂浆饱满度不应低于 90%。竖向灰缝应采用加浆方法，使其砂浆饱满，严禁用水冲浆灌缝，不得出现瞎缝、透明缝。竖缝的砂浆饱满度不应低于 80%。水平灰缝厚度和竖向灰缝宽度一般为 10mm，最小不小于 8mm，最大不超过 12mm。

（7）在空心砌块墙的转角处，应隔皮纵、横墙砌块相互搭砌，即隔皮纵、横墙砌块端面露头，如图 2-11 所示。

（8）空心砌块墙的"T"字交接处，应隔皮使横墙砌块端面露头。当该处无芯柱时，应在纵墙上交接处砌两块一孔半的辅助规格砌块，隔皮砌在横墙露头砌块下，其半孔应位于中间（图 2-11）。当该处有芯柱时，应在纵墙上交接处砌一块三孔大规格砌块，砌块的中间孔正对横墙露头的砌块靠外的孔洞。

在"T"字交接处，纵墙如用主规格砌块，则会造成纵墙墙面上有连续三皮通缝，这是不允许的。

（9）空心砌块墙的"十"字交接处，当该处无芯柱时，在交接处应砌一孔半砌块，隔皮相互垂直相交，其半孔应在中间，如图 2-12 所示。当该处有芯柱时，在交接处应砌三孔砌块，隔皮相互垂直相交，中间孔相互对正，如图 2-13 所示。

在"十"字交接处，如用主规格砌块，则会使纵横墙交接面出现连续三皮通缝，这也是不允许的。

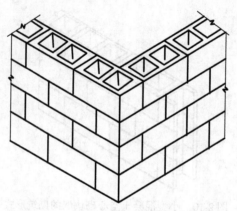

图 2-11　混凝土空心砌块墙转角砌法

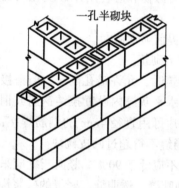

图 2-12　"T"字交接处砌法(无芯柱)

图 2-13　"T"字交接处砌法(有芯柱)

（10）空心砌块墙的转角处和交接处应同时砌起，如不能同时砌起，则应留置斜槎，斜槎的长度应等于或大于斜槎高度，如图 2-14 所示。

（11）在非抗震设防地区，除外墙转角处，空心砌块墙的临时间断处可从墙面伸出 200mm 砌成直槎，并每隔三皮砌块高在水平灰缝设 2 根直径 6mm 的拉结筋；拉结筋埋入长度从留槎处算起，每边均不应小于 600mm，钢筋外露部分不得任意弯折，如图 2-15 所示。

（12）空心砌块墙表面不得预留或打凿水平沟槽，对设计规定的洞口、管道、沟槽和预埋件，应在砌筑墙体时预留和预埋。

（13）需要在墙上留脚手眼时，可用辅助规格的单孔砌块侧砌，利用其空洞作脚手眼，墙体完工后用不低于 C15 的混凝土填实。

（14）墙体中作为施工通道的临时洞口，其侧边离交接处的墙面不应小于 600mm，并在顶部设过梁。填砌临时洞口的砌筑砂浆强度等级宜提高一级。

（15）在墙体的下列部位，应用 C15 混凝土灌实砌块的孔洞(先灌后砌)：

①底层室内地面以下或防潮层以下的砌体；

②无圈梁的楼板支承面下的一皮砌块；

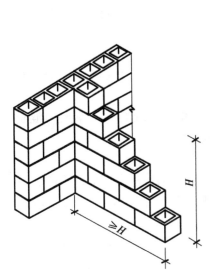

图 2-14　空心砌块墙斜槎

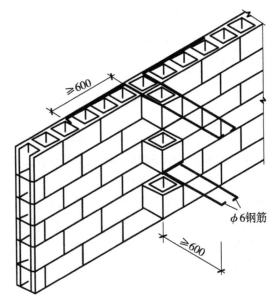

图 2-15　空心砌块墙直槎

③没有设置混凝土垫块的次梁支承处，灌实宽度不应小于 600mm，高度不应小于一皮砌块；

④挑梁的悬挑长度不小于 1.2m 时，在其支承部位的内外墙交接处，纵横各灌实 3 个孔洞，灌实高度不小于三皮砌块。

(16)如作为后砌隔墙或填充墙时，沿墙高每隔 600mm 应与承重墙或柱内预留的钢筋网片或 2 根直径 6mm 钢筋拉结，钢筋伸入墙内的长度不应小于 600mm。

(17)需要移动已砌好的砌块时，应清除原有砂浆，重新铺砂浆砌筑。

(18)空心砌块墙的下列部位不得留置脚手眼：

①过梁上部与过梁成 60°角的三角形范围内；

②宽度小于 800mm 的窗间墙；

③梁或梁垫下及其左右各 500mm 的范围内；

④门窗洞口两侧 200mm 和墙体交接处 400mm 的范围内；

⑤设计规定不允许留脚手眼的部位。

(19)空心砌块墙的每天砌筑高度，宜控制在 1.5m（或一步脚手架高度）内。

(三)小型空心砌块砌体质量标准

混凝土小型空心砌块砌体分项工程的验收应在检验批验收合格的基础上进行。检验批的确定可根据施工段划分。

混凝土小型空心砌块砌体工程检验批验收时，其主控项目应全部符合下列规定的各项内容；一般项目应在 80% 及以上的抽验处符合下列规定的各项内容，或偏差值在允许偏差范围以内。

1. 一般规定

(1)适用于普通混凝土小型空心砌块和轻集料混凝土小型空心砌块（以下简称小砌块）

工程的施工质量验收。

（2）施工时所用的小砌块的产品龄期不应小于28d，且应符合下列规定：

①砌筑小砌块时，应清除表面污物和芯柱用小砌块孔洞底部毛边，剔除外观质量不合格的小砌块。

②施工时所用的砂浆，宜选用专用的小砌块砌筑砂浆。

③底层室内地面以下或防潮层以下的砌体，应采用强度等级不低于C20的混凝土灌实小砌块的孔洞。

④小砌块砌筑时，在天气干燥炎热的情况下，可提前洒水湿润小砌块；对轻集料混凝土小砌块，可提前浇水湿润。小砌块表面有浮水时，不得施工。

⑤承重墙体严禁使用断裂小砌块。

⑥小砌块墙体应对孔错缝搭砌，搭接长度不应小于90mm。墙体的个别部位不能满足上述要求时，应在灰缝中设置拉结钢筋或钢筋网片，但竖向通缝仍不得超过两皮小砌块。

⑦小砌块应底面朝上反砌于墙上。

⑧浇灌芯柱的混凝土，宜选用专用的小砌块灌孔混凝土，当采用普通混凝土时，其坍落度不应小于90mm。

⑨浇灌芯柱混凝土时，应遵守下列规定：

a. 清除孔洞内的砂浆等杂物，并用水冲洗；

b. 砌筑砂浆强度大于1MPa时，方可浇灌芯柱混凝土；

c. 在浇灌芯柱混凝土前应注入适量与芯柱混凝土相同的去石水泥砂浆，在浇灌混凝土。

⑩需要移动砌体中的小砌块或小砌块被撞动时，应重新铺砌。

2. 主控项目

（1）小砌块和砂浆的强度等级必须符合设计要求。

抽检数量：每一生产厂家、每一万块小砌块至少应抽检一组。用于多层以上建筑基础和底层的小砌块抽检数量不应少于2组。

砂浆试块抽检数量：每一检验批且不超过250m³砌体的各种类型及强度等级的砂浆，每台搅拌机应至少抽检一次。

检验方法：检查小砌块和砂浆试块实验报告。

（2）砌体水平灰缝的砂浆饱满度，按净面积计算不得低于90%；竖向灰缝饱满度不得小于80%；竖向凹槽部位应用砌筑砂浆填实，不得出现瞎缝、透明缝。

抽检数量：每检查批不应少于3处。

抽检方法：用专业百格网检测小砌块与砂浆粘结痕迹，每处检测3块小砌块，取平均值。

（3）墙体转角处和纵横墙交接处应同时砌筑。临时间断处应砌成斜槎，斜槎水平投影长度不应小于高度的2/3。

抽检数量：每检验批抽20%接槎，且不应少于5处。

检验方法：观察检查。

（4）砌体的轴线偏移和垂直度偏差应符合表2-11的规定。

表 2-11　　　　　　　　　　　　　　**砌块墙的位置及垂直度允许偏差**

项次	项目			允许偏差（mm）	检验方法
1	轴线位置偏移			10	用经纬仪和尺检查或用其他测量仪器检查
2	垂直度	每层		5	用2m托线板检查
		全高	≤10mm	10	用经纬仪、吊线锤和尺检查，或用其他测量仪器检查
			>10mm	20	

3. 一般项目

（1）墙体的水平灰缝厚度和竖向灰缝宽度宜为10mm，但不应大于12mm，也不应小于8mm。

抽检数量：每层楼的检测点不应少于3处。

抽检方法：用尺量5皮小砌块的高度和2m砌体长度折算。

（2）小砌块墙体的一般尺寸允许偏差应符合表2-12的规定。

表 2-12　　　　　　　　　　　　　　**小型块砌体的一般尺寸允许偏差**

项次	项目		允许偏差（mm）	检验方法	抽检数量
1	基础顶面和楼面标高		±15	用水平仪和尺检查	不应少于5处
2	表面平整度	清水墙柱	5	用2m靠尺和锲形塞尺检查	有代表性自然间10%，但不应少于3间，每间不应少于2处
		混水墙柱	8		
3	门窗洞口高、宽（后塞口）		±5	用尺检查	检验批洞口的10%，且不应少于5处
4	外墙上下窗口偏移		20	以底层窗口为准，用经纬仪或吊线锤检查	检验批的10%，且不应少于5处
5	水平灰缝平直度	清水墙	7	拉10m线和尺检查	有代表性自然间10%，但不应少于3间，每间不应少于2处
		混水墙	10		

五、加气混凝土砌块砌体施工

（一）加气混凝土砌块的适用范围

加气混凝土砌块具有体积密度小、保温及耐火性能好、抗震性能强、易于加工、施工方便等特点，适用于低层建筑的承重墙以及多层建筑的隔墙和高层框架结构的填充墙，也可用于复合墙板和屋面结构中。在无可靠的防护措施时，不得用于风中或高湿度和有侵蚀介质的环境中，也不得用于建筑物的基础和温度长期高于80℃的建筑部位。

（二）加气混凝土砌块墙砌筑形式

加气混凝土砌块主规格的长度为600mm，宽度和高度有多种。墙厚一般等于砌块宽度，其立面砌筑形式只有全顺式一种。上、下皮竖缝相互错开不小于砌块长度的 1/3，如不能满足，则应在水平灰缝中设置 2 根直径 6mm 的钢筋或直径 4mm 钢筋网片，加筋长度不少于 700mm，如图 2-16 所示。

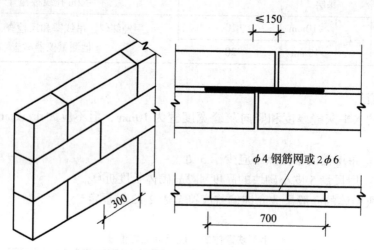

图 2-16　加气混凝土砌块墙砌筑形式

（三）加气混凝土砌块墙砌筑要点

（1）按砌块每皮高度制作皮数杆，并竖立于墙的两端，两相对皮数杆之间拉准线。在砌筑位置放出墙身边线。

（2）加气混凝土砌块砌筑时，应向砌筑面适量浇水。

（3）在砌块墙底部应用烧结普通砖或多孔砖砌筑，高度不宜小于 200mm。

（4）不同干密度和强度等级的加气混凝土不应混砌。加气混凝土砌块也不得与其他砖、砌块混砌。在墙底、墙顶及门窗洞口处局部采用烧结普通砖和多孔砖砌筑不视为混砌。

（5）灰缝应横平竖直，砂浆饱满。水平灰缝厚度不得大于 15mm，竖向灰缝宜用内外临时夹板夹住后灌缝，其宽度不得大于 20mm。

（6）砌块墙的转角处，应隔皮纵、横墙砌块相互搭砌。砌块墙的"T"字交接处，应使横墙砌块隔皮端面露头，如图 2-17 所示。

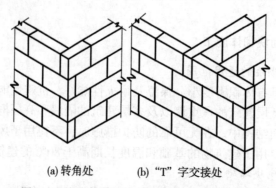

(a) 转角处　　(b)"T"字交接处

图 2-17　加气混凝土砌块墙转角及交接处砌法

砌到接近上层梁、板底时，宜用烧结普通砖斜砌挤紧，砖倾斜度为60°左右，如图2-18所示，砂浆应饱满。

墙体洞口上部应放置2根直径6mm钢筋，伸过洞口两边长度每边不小于500mm。

砌块墙与承重墙或柱交接处，应在承重墙或柱的水平灰缝内预埋拉结钢筋，拉结钢筋沿墙或柱高每1m左右设一道，每道为2根直径6mm的钢筋（带弯钩），伸出墙或柱面长度不小于700mm，在砌筑砌块时，将此拉结钢筋伸出部分埋置于砌块墙的水平灰缝中，如图2-19所示。

图 2-18　施工现场砌块底部、顶部砌筑方法

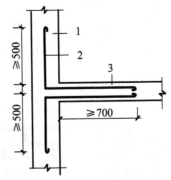

1—承重墙；2—φ6钢筋；3—加气混凝土砌块墙

图 2-19　加气混凝土砌块墙与承重墙拉结

加气混凝土砌块墙上不得留脚手眼。

切锯砌块应使用专用工具，不得用斧或瓦刀任意砍劈。

加气混凝土砌块墙每天砌筑高度不宜超过1.8m。

（四）加气混凝土砌块砌筑施工质量标准

加气混凝土砌块砌体结构尺寸和位置的允许偏差应符合表2-13的规定。

表2-13　　　　　　　加气混凝土砌块砌体结构尺寸和位置的允许偏差

项次	项目	允许偏差（mm）	检验方法
1	砌体厚度	±4	用尺量
2	基础顶面和楼面标高	±15	用水平仪、经纬仪复查或检查施工记录
3	轴线偏移	5	
4	墙面垂直度 （1）每层 （2）全高	5 10	用吊线法检查 用经纬仪或吊线尺量检查
5	表面平整	6	用2m长直尺和塞尺检查
6	水平灰缝平直	7	灰缝上口处用10m长的线拉直并用尺检查

六、粉煤灰砌块砌体施工

（一）粉煤灰砌块的适用范围

粉煤灰砌块适用于工业与民用建筑的墙体和基础，不适用于有酸性侵蚀介质侵蚀的、密封性要求高的及受较大振动影响的建筑物（如锻锤车间），也不适用于经常处于高温的承重墙（如炼钢车间、锅炉间的承重墙）和经常受潮湿的承重墙（如公共浴室等）。

（二）粉煤灰砌块墙的砌筑形式

粉煤灰砌块的主规格长度为880mm，宽度有380mm、430mm两种。墙厚等于砌块宽度，其立面砌筑形式只有全顺一种，即每皮砌块均为顺砌，上、下竖缝相互错开砌块长度的1/3以上，并不小于150mm，如不能满足，则在水平灰缝中应设置2根直径6mm钢筋和直径4mm钢筋网片加强，加强筋长度不小于700mm，如图2-20所示。

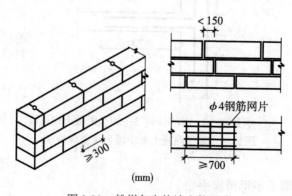

图2-20　粉煤灰砌块墙砌筑形式

（三）粉煤灰砌块墙的砌筑要点

（1）粉煤灰砌块自生产之日算起，应放置1个月以后，方可用于砌筑。

（2）严禁使用干的粉煤灰砌块上墙，一般应提前2d浇水，砌块含水率宜为8% ~ 12%，不得随砌随浇。

（3）砌筑用砂浆应采用水泥混合砂浆。

（4）灰缝应横平竖直，砂浆饱满。水平灰缝厚度不得大于15mm，竖向灰缝宜用内外临时夹板灌缝，在灌浆槽中的灌浆高度应不小于砌块高度，个别竖缝宽度大于30mm时，应用细石混凝土灌缝。

（5）在粉煤灰砌块墙的转角处，应隔皮纵、横墙砌块相互搭砌，隔皮纵、横墙砌块端面露头。在"T"字交接处，隔皮使横墙砌块端面露头。凡露头砌块，应用粉煤灰砂浆将其填补抹平，如图2-21所示。

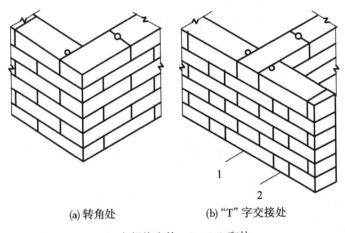

(a) 转角处   (b) "T" 字交接处

1—主规格砌块；2—1/3 砌块

图 2-21 粉煤灰砌块墙转角处及交接处砌法

（6）粉煤灰砌块墙与普通砖承重墙或柱交接处，应沿墙高1m左右设置3根直径4mm的拉结钢筋，拉结钢筋伸入砌块墙内长度不小于700mm。

（7）粉煤灰砌块墙与半砖厚普通墙交接处，应沿墙高800mm左右设置直径为4mm的钢筋网片，钢筋网片形状依照两种墙交接情况而定。置于半砖墙水平灰缝中的钢筋为2根，伸入长度不小于360mm；置于砌块墙水平灰缝中的钢筋为3根，伸入长度不小于360mm，如图2-22所示。

（8）墙体洞口上部应放置2根直径6mm钢筋，伸过洞口两边长度每边不小于500mm。

（9）洞口两侧的粉煤灰砌块应锯掉灌浆槽。锯割砌块应用专用手锯，不得用斧或瓦刀任意砍劈。

（10）粉煤灰砌块墙上不得留脚手眼。

（11）粉煤灰砌块墙每天砌筑高度不应超过1.5m或一步脚手架高度。

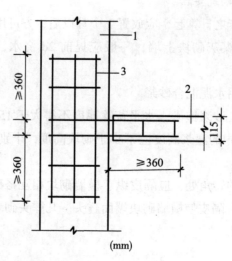

1—粉煤灰砌块墙；2—φ4 钢筋网片；3—半砖墙

图 2-22　粉煤灰砌块墙与半砖墙交接

（四）粉煤灰砌块砌体允许偏差

粉煤灰砌块砌体的允许偏差应符合表 2-14 的规定。

表 2-14　　　　　　　　　　　　　　粉煤灰砌块砌体允许偏差

项次	项目			允许偏差（mm）	经验方法
1	轴线位置			10	用经纬仪、水平仪复查或检查施工记录
2	轴线位置			10	用经纬仪、水平仪复查或检查施工记录
3	垂直度	每楼层		5	用吊线法检查
		全高	10m 以下	10	用经纬仪或吊线尺检查
			10m 以上	20	用经纬仪或吊线尺检查
4	表面平整			10	用2m 长直尺和塞尺检查
5	水平灰缝平直度	清水墙		7	灰缝上口处用10m 长的线拉直并用尺检查
		混水墙		10	
6	水平灰缝厚度			+10、−5	与线杆比较，用尺检查
7	垂直缝宽度			+10、−5 >30 用细石混凝土	用尺检查
8	门窗洞口宽度（后塞框）			+10、−5	用尺检查
9	清水墙面游丁走缝			2.0	用吊线和尺检查

七、轻骨料混凝土空心砌块砌体施工

(一)轻骨料混凝土空心砌块适用范围

轻骨料混凝土小型空心砌块是一种轻质高强度、能取代普通黏土砖的最有发展前途的墙体材料之一，又因其绝热性能好、抗震性能好等特点，在各种建筑的墙体中得到广泛应用，特别是绝热要求较高的围护结构上使用广泛。

(二)轻骨料混凝土空心砌块墙砌筑形式

轻骨料混凝土空心砌块的主规格多为 390mm×190mm×190mm，常用全顺砌筑形式，墙厚等于砌块宽度。上、下皮竖向灰缝相互错开 1～2 砌块长，并不应小于 120mm，如不能保证时，应在水平灰缝中设置 2 根直径 6mm 的拉结钢筋或直径 4mm 的钢筋网片。

(三)轻骨料混凝土空心砌块墙砌筑要点

(1)对轻骨料混凝土空心砌块，宜提前 2d 以上适当浇水湿润。严禁雨天施工，砌块表面有浮水时亦不得进行砌筑。

(2)砌块应保证有 28d 以上的龄期。

(3)砌筑前，应根据砌块皮数制作皮数杆，并在墙体转角处及交接处竖立，皮数杆间距不得超过 15m。

(4)砌筑时，必须遵守"反砌"原则，即使砌块底面向上砌筑。上、下皮应对孔错缝搭砌。

(5)水平灰缝应平直，砂浆饱满，按净面积计算的砂浆饱满度不应低于 90%。竖向灰缝应采用加浆方法，使其砂浆饱满，严禁用水冲浆灌缝，不得出现瞎缝、透明缝，其砂浆饱满度不宜低于 80%。

(6)需要移动已砌好的砌块或对被撞动的砌块进行修整时，应清除原有砂浆后，再重新铺浆砌筑。

(7)墙体转角处及交接处应同时砌起，如不能同时砌起，留槎的方法及要求同混凝土空心砌块墙砌筑规定。

(8)每天砌筑高度不得超过 1.8m。

(9)在砌筑砂浆终凝前后的时间内，应将灰缝刮平。

(10)轻骨料混凝土空心砌块墙的允许偏差同混凝土空心砌块墙的允许偏差。

八、砌块质量控制要点

(1)砌体工程所用的材料应有产品的合格证书、产品性能检测报告。块材、水泥、钢筋、外加剂等应有材料的主要性能的进场复验报告，严禁使用国家明令淘汰的材料。

(2)砌筑基础前，应校核放线尺寸，允许偏差应符合表 2-15 的规定。

表 2-15　　　　　　　　　　　　放线尺寸的允许偏差

长度 L(或宽度 B)(m)	允许偏差(mm)	长度 L(或宽度 B)(mm)	允许偏差(mm)
L(或 B)≤30	±5	60<L(或 B)≤90	±15
30<L(或 B)≤60	±10	L(或 B)>90	±20

（3）砌筑顺序应符合下列规定：

①基底标高不同时，应从低处砌起，并应由高处向低处搭砌。当设计无要求时，搭接长度不应小于基础扩大部分的高度。

②砌体的转角处和交接处应同时砌筑。当不能同时砌筑时，应按规定留槎、接槎。

（4）在墙上留置临时施工洞口，其侧边离交接处墙面不应小于500mm，洞口净宽度不应超过1m。在抗震设防烈度为9度的地区，建筑物的临时施工洞口位置应会同设计单位确定。临时施工洞口应做好补砌。

（5）施工脚手眼补砌时，灰缝应填满砂浆，不得用干砖填塞。

（6）设计要求的洞口、管道、沟槽应于砌筑时正确留出或预埋，未经设计同意，不得打凿墙体和在墙体上开凿水平沟槽。宽度超过300mm的洞口上部，应设置过梁。

（7）尚未施工楼板或屋面的墙或柱，当可能遇到大风时，其允许自由高度不得超过表2-16的规定；如超过表中限值时，则必须采用临时支撑等有效措施。

表2-16 墙和柱的允许自由高度（m）

墙(柱)厚 (mm)	砌体密度>1600(kg/m³)			砌体密度1300~1600(kg/m³)		
	风载(kN/m²)			风载(kN/m²)		
	0.3 (约7级风)	0.4 (约8级风)	0.5 (约9级风)	0.3 (约7级风)	0.4 (约8级风)	0.5 (约9级风)
190	—	—	—	1.4	1.1	0.7
240	2.8	2.1	1.4	2.2	1.7	1.1
370	5.2	3.9	2.6	4.2	3.2	2.1
490	8.6	6.5	4.3	7.0	5.2	3.5
620	14.0	10.5	7.0	11.4	8.6	5.7

注：本表适用于施工处相对标高（H）在10m范围内的情况，如10m<H≤15m，15m<H≤20m时，表中的允许自由高度应分别乘以0.9、0.8的系数；如H>20m，则应通过抗倾覆验算确定其允许自由高度。

当所砌筑的墙有横墙或其他结构与其连接，而且间距小于表列限值的2倍时，砌筑高度可不受本表的限制。

（8）搁置预制梁、板的砌体顶面应找平，安装时应坐浆。当设计无具体要求时，应采用1：2.5的水泥砂浆。

（9）砌体施工质量控制等级应分为三级，并应符合表2-17的规定。

（10）设置在潮湿环境或有化学侵蚀性介质的环境中的砌体灰缝内的钢筋应采取防腐措施。

（11）砌体施工时，楼面和屋面堆载不得超过楼板的允许荷载值。施工层进料口楼板下，宜采取临时加撑措施。

（12）分项工程的验收应在检验批验收合格的基础上进行。检验批的确定可根据施工段划分。

（13）砌体工程检验批验收时，其主控项目应全部符合本规范的规定；一般项目应有

80% 及以上的抽检处符合本规范的规定，或偏差值在允许偏差范围以内。

表 2-17　　　　　　　　　　　　　砌体施工质量控制等级

项目	施工质量控制等级		
	A	B	C
现场质量管理	制度健全，并严格执行；非施工方质量监督人员经常到现场，或现场设有常驻代表；施工方有在岗专业技术管理人员，人员齐全，并持证上岗	制度基本健全，并能执行；非施工方质量监督人员间断地到现场进行质量控制；施工方有在岗专业技术管理人员，并持证上岗	有制度；非施工方质量监督人员很少作现场质量控制；施工方有在岗专业技术管理人员
砂浆、混凝土强度	试块按规定制作，强度满足验收规定，离散性小	试块按规定制作，强度满足验收规定，离散性较小	试块强度满足验收规定，离散性大
砂浆拌和方式	机械拌和，配合比计量控制严格	机械拌和，配合比计量控制一般	机械或人工拌和，配合比计量控制较差
砌筑工人	中级工以上，其中高级工不少于 20%	高、中级工不少于 70%	初级工以上

九、构造柱施工

框架(框架剪力墙)结构中的墙体一般使用砌块填充，按照规范规定，当填充墙超过一定的高度或长度时，应该在填充墙中间设置构造柱，有的设计图纸在施工图上绘制出了具体的位置，施工人员就按图施工。有时设计图纸中并没有指出具体的位置，而由施工人员根据图纸现场判断，在框架梁施工时，应在构造柱的位置(上下)留出插筋，待施工构造柱时，将构造柱钢筋与插筋焊接(如构造柱不长，也可以直接将钢筋留在那里，只是支上层底模时麻烦点)，绑扎好箍筋，再砌墙、支(构造柱)模板，在上口留出一块模板不装，从那里灌注砼(当柱的长度较长时，要在中部位置留浇注口)。而马牙槎的留置，也与砖砌体有所不一样，如图 2-23 所示，应该根据设计使用的砌块的尺寸设置，如设计使用的是 600mm×300mm×200mm 的砌块，则马牙槎的高度可以选择 300mm。

十、植筋施工

植筋是在钢筋混凝土结构上钻出孔洞，注入胶粘剂，植入钢筋，待其固化后即完成植筋施工。用此法植筋犹如原有结构中的预埋筋，能使所植钢筋的技术性能得以充分利用。在框架结构工程中的填充墙施工时，为了与框架柱之间的拉结，需要采取植筋的方式设置拉结筋，如图 2-24 所示。植筋的间距应该根据工程所用的砌块的尺寸来确定，如设计使用的是 600mm×300mm×200mm 的砌块，则植筋(拉结筋)的间距应该为 600mm，即两块砌块之间设置一道拉筋。

图 2-23　填充墙构造柱施工

图 2-24　植筋施工

植筋施工过程：弹线定位→钻孔→清孔→注胶→植筋→固化养护→抗拔试验(抽检)。施工操作步骤如下：

(1)钻孔使用配套冲击电钻。钻孔时，孔洞间距与孔洞深度应满足设计要求。

(2)清孔时，先用吹气泵清除孔洞内粉尘等，再用清孔刷清孔，要经多次吹刷完成；同时，不能用水冲洗，以免残留在孔中的水分削弱粘合剂的作用。

(3)使用植筋注射器从孔底向外均匀地把适量胶粘剂填注入孔内，注意勿将空气封入孔内。

(4)按顺时针方向把钢筋平行于孔洞走向轻轻植入孔中，直至插入孔底，胶粘剂溢出。

(5)将钢筋外露端固定在模架上，使其不受外力作用，直至凝结，并派专人现场保护。凝胶的化学反应时间一般为15min，固化时间一般为1h。

任务三　砌体工程冬期施工

当室外日平均气温预计连续 5d 稳定低于 5℃ 或者当日最低气温低于 0℃ 时，砌体工程应采取冬期施工措施。

块材在砌筑前应清除冰霜，在负温条件下，如浇水困难，则应增大砂浆的稠度；砌筑用砂不得有大于 1cm 的冻结块；水泥宜采用普通硅酸盐水泥。水和砂可预先加热，其中水温不得超过 80℃，砂温不得超过 40℃。每日砌筑完成后，应在砌体表面覆盖保温材料。砂浆的用水量越多，遭受冻结越早、冻结时间越长；灰缝厚度越厚，其冻结的危害程度越大。

一、掺盐砂浆法

掺盐砂浆法是在拌和水中掺入氯盐，以降低冰点，使砂浆中的水分在负温条件下不冻结，强度继续保持增长。

当采用掺盐砂浆法时，宜将砂浆强度等级按常温施工的强度等级提高一级。由于氯盐对埋设在砌体中的钢筋及钢预埋件具有腐蚀作用，所以配筋砌体不得采用该方法。

氯盐砂浆不得在以下情况下采用：对装饰工程有特殊要求的建筑物；处于潮湿环境下的建筑物；变电所、发电站等接近高压电线的建筑物；经常处于地下水位变化范围内，而又没有防水措施的砌体。

二、冻结法

冻结法是采用不掺外加剂的砂浆砌筑墙体，允许砂浆遭受一定程度的冻结。当气温回到 0℃ 以上后，砂浆开始解冻，经过冻结、融化、再硬化的过程，其强度以及与砌体的粘结力都有不同程度的下降。

为了保证砌体在解冻时的正常沉降，规范规定：每日砌筑高度及临时间断的高度差均不得大于 1.2m；门窗框的上部应留出不小于 5mm 的间隙；砌体水平灰缝厚度不宜大于 10mm；留置在砌体中的洞口和沟槽等，宜在解冻前填砌完毕；解冻前，应清除结构上的临时荷载。

由于砌筑物在解冻时变形比较大，对于空斗墙、毛石墙、承受侧压力的砌筑物，在解冻期间可能受到振动或动力荷载的砌筑物，以及在解冻期间不允许发生沉降的砌筑物，均不得采用冻结法施工。

任务四　施工验收

下面以普通混凝土小型空心砌块和轻骨料混凝土小型空心砌块为例。

一、一般规定

(1) 施工时所用的小砌块的产品龄期不应小于 28d。

(2) 砌筑小砌块时，应清除表面污物和芯柱用小砌块孔洞底部的毛边，剔除外观质量不合格的小砌块。

（3）施工时所用的砂浆，宜选用专用的小砌块砌筑砂浆。

（4）底层室内地面以下或防潮层以下的砌体，应采用强度等级不低于 C20 的混凝土灌实小砌块的孔洞。

（5）小砌块砌筑时，在天气干燥炎热的情况下，可提前洒水湿润小砌块；对轻骨料混凝土小砌块，可提前浇水湿润。小砌块表面有浮水时，不得施工。

（6）承重墙体严禁使用断裂小砌块。

（7）小砌块墙体应对孔错缝搭砌，搭接长度不应小于 90mm。墙体的个别部位不能满足上述要求时，应在灰缝中设置拉结钢筋或钢筋网片，但竖向通缝仍不得超过两皮小砌块。

（8）小砌块应底面朝上反砌于墙上。

（9）浇灌芯柱的混凝土，宜选用专用的小砌块灌孔混凝土，当采用普通混凝土时，其坍落度不应小于 90mm。

（10）浇灌芯柱混凝土，应遵守下列规定：

①清除孔洞内的砂浆等杂物，并用水冲洗；

②砌筑砂浆强度大于 1MPa 时，方可浇灌芯柱混凝土；

③在浇灌芯柱混凝土前，应先注入适量与芯柱混凝土相同的去石水泥砂浆，再浇灌混凝土。

（11）需要移动砌体中的砌块或小砌块被撞动时，应重新铺砌。

二、主控项目

（1）小砌块和砂浆的强度等级必须符合设计要求。

抽检数量：每一生产厂家、每 1 万块小砌块至少应抽检一组。用于多层以上建筑基础和底层的小砌块抽检数量不应少于 2 组。砂浆试块的抽检数量执行规范第 4.0.12 条的有关规定。

（2）砌体水平灰缝的砂浆饱满度应按净面积计算，不得低于 90%；竖向灰缝饱满度不得小于 80%，竖缝凹槽部位应用砌筑砂浆填实；不得出现瞎缝、透明缝。

抽检数量：每检验批不应少于 3 处。

检验方法：用专用百格网检测小砌块与砂浆粘结痕迹，每处检测 3 块小砌块，取其平均值。

（3）墙体转角处和纵横交接处应同时砌筑。临时间断处应砌成斜槎，斜槎水平投影长度不应小于高度的 2/3。

抽检数量：每检验批抽 20% 接槎，且不应少于 5 处。

检验方法：观察检查。

（4）砌体的轴线偏移和垂直度偏差应符合规范规定。

三、一般项目

（1）墙体的水平灰缝厚度和竖向灰缝宽度宜为 10mm，但不应大于 12mm，也不应小于 8mm。

抽检数量：每层楼的检测点不应少于 3 处。

抽检方法：用尺量 5 皮小砌块的高度和 2m 砌体长度折算。

(2)小砌块墙体的一般尺寸允许偏差应按规范相应规定执行。

小　　结

(1)砖砌体的组砌方式、材料质量的控制要点、砌块砌体砌筑施工要点、施工安全技术和施工验收是这一章节主要阐述的内容。

(2)掌握砌块砌体与砖砌体相主要的区别、施工要点、灰缝厚度的控制等方面的不同点。

思考题

一、填空题

1. 加气混凝土砌块的 A 系列中，长度一般为_____mm，宽度以_____递增。

2. 砌体工程的冬期施工方法有_____、_____、_____。

3. 小型空心砌块砌筑时必须遵守_____原则。

4. 检查小砌块的灰缝厚度时，用尺量_____皮小砌块的高度进行折算。

5. 砌块墙轴线位移偏差不能大于_____mm。

二、名词解释

1. 芯柱

2. 冻结法

三、单项选择题

1. 在砌块砌体中，当竖缝的宽度为 40mm 时，宜做(　　　)处理。

A. 用 C20 的细混凝土灌实　　　　　　B. 用黏土砖镶砌

C. 用水泥砂浆填筑　　　　　　　　　　D. 用碎砌块填充

2. 当满足下列条件时，宜按冬期施工的有关规定进行(　　　)。

A. 室内平均气温低于 0℃时

B. 当室外平均气温低于 5℃时

C. 室外及平均气温连续 5d 稳定低于 5℃时

D. 室外及平均气温连续 5d 稳定低于 0℃时

3. 对于有主次梁的楼板结构，混凝土的浇筑和其施工缝的留置正确的是(　　　)。

A. 沿主梁方向浇筑，施工缝留在次梁跨度的中间 1/3 范围内

B. 沿次梁方向浇筑，施工缝留在次梁跨度的中间 1/3 范围内

C. 沿次梁方向浇筑，施工缝留在主梁跨度的中间 1/3 范围内

D. 沿次梁方向浇筑，施工缝留在主梁跨度的中间 2/3 范围内

4. 跨度 5.7m 框架梁的起拱高度设计无具体要求，其起拱高度可能为(　　　)cm。

A. 4　　　　　　B. 0.5　　　　　　C. 1.5　　　　　　D. 2

5. 下列属于框架梁钢筋安装检验批中主控项目的是受力钢筋的(　　　)。

A. 品种   B. 间距   C. 保护层厚度   D. 排距

6. 对焊接头（φ16 钢筋）符合合格条件的是（   ）。

A. 轴线偏移 2mm

B. 冷弯后，外侧横向裂缝宽度为 0.16mm

C. 对 3 个试件做拉伸试验时，有 1 个试件断于焊缝处

D. 接头处的弯折角为 4.5°

7. 框架办公楼施工时，现浇柱模板安装截面内部尺寸的偏差允许值为（   ）mm。

A. +5，0   B. +5，−5   C. +8，−5   D. +4，−5

8. 砌块砌筑时，砌块应保证有（   ）d 以上的龄期。

A. 7   B. 15   C. 21   D. 28

四、问答题

1. 空心砌块墙的哪些部位不得留置脚手眼？

2. 砌体工程冬期施工有哪些方法？各有何要求？

3. 分析砌块墙容易出现裂缝的原因。

4. 比较砖砌体与砌块砌体在灰缝控制上的区别。

学习情境三　石砌体结构施工

【学习目标】

学生通过石砌体施工的学习，掌握石砌体结构工程施工准备及施工的程序，达到熟悉施工工序、施工工艺的目的，能进行施工测量放线、组织施工等工作。

【学习要求】

要求学生学习有关石砌体结构过程施工的理论，包括施工工艺、施工过程、施工的对象、使用的工具等。本章节内容在教学过程中，可以不组织实训，但有条件的可以组织学生参观，参观过程要有详细的记载。

【学习重点】

1. 石砌体砌筑施工要点；

2. 施工安全技术。

【学习难点】

1. 石砌体砌筑施工要点；

2. 石砌体的施工质量标准。

任务一　施工物资准备

一、石的分类

砌筑用石分为毛石和料石两类。

毛石未经加工，厚不小于 150mm，体积不小于 0.01m³，分为乱毛石和平毛石，乱毛石是指形状不规则的石块；平毛石是指形状不规则，但有两个平面大致平行的石块。

料石经加工，外观规矩，尺寸均 ≥ 200mm，如图 3-1 所示，按其加工面的平整程度，可分为细料石、半细料石、粗料石和毛料石四种。

石料按其质量密度大小分为轻石和重石两类，质量密度不大于 18 者为轻石，质量密度大于 18 者为重石。

图 3-1　料石

二、石的等级

根据石料的抗压强度值，可将石料分为 MU10、MU15、MU20、MU30、MU40、

MU50、MU60、MU80、MU100 九个强度等级。

任务二　石砌体结构施工

目前，石砌体在建筑领域主要应用于石基础、石挡土墙、石驳岸等。

一、毛石砌体施工

毛石砌体应采用铺浆法砌筑，砂浆必须饱满，叠砌面的粘灰面积应大于80%；砌体的灰缝厚度宜为20～30mm，石块间不得有相互接触现象。

毛石砌体宜分皮卧砌，对毛石块之间的较大空隙，应先填塞砂浆，然后再嵌实碎石块。毛石应上下错缝、内外搭砌。不得采用外面侧立毛石中间填心的砌筑方法；也不允许出现过桥石（仅在两端搭砌的石块）、铲口石（尖石倾斜向外的石块）和斧刃石（尖石向下的石块），砌筑毛石基础的第一皮石块应坐浆，并将石块的大面向下。同时，毛石基础的转角处、交接处应用较大的平毛石砌筑。砌筑毛石墙体的第一皮及转角处、交接处和洞口，应采用较大的平毛石，毛石基础断面形状主要有矩形、阶梯形和梯形三种，如图 3-2 所示。

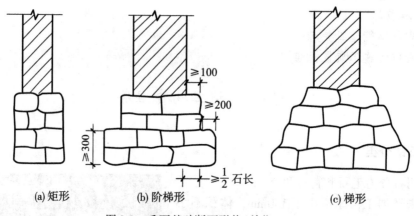

(a) 矩形　　　　　(b) 阶梯形　　　　　(c) 梯形

图 3-2　毛石基础断面形状（单位：mm）

二、料石砌体施工

料石砌体也应该采用铺浆法砌筑。料石砌体的砂浆铺设厚度应略高于规定的灰缝厚度，其高出厚度：细料石宜为 3～5mm，粗料石、毛料石宜为 6～8mm。砌体的灰缝厚度：细料石砌体不宜大于 5mm，粗料石、毛料石砌体不宜大于 20mm。

料石基础的第一皮料石应坐浆丁砌，以上各层料石可按一顺一丁进行砌筑。当料石墙体厚度等于一块料石宽度时，可采用全顺砌筑形式；当料石墙体厚度等于两块料石宽度时，可采用两顺一丁或丁顺组砌的形式。在料石和毛石或砖的组合墙中，料石砌体、毛石砌体、砖砌体应同时砌筑，并每隔 2～3 皮料石层用"丁砌层"与毛石砌体或砖砌体拉结砌合,"丁砌层"的长度宜与组合墙厚度相同。

三、石砌体勾缝

石砌体勾缝多采用平缝或凹缝,一般采用 1∶1 水泥砂浆。毛石砌体要保持砌合自然缝。

四、石砌体的质量要求

石砌体的组砌形式应符合下列规定:

(1)内外搭砌,上下错缝,拉结石、丁砌石交错设置。

(2)在 0.7m² 毛石墙面中,拉结石不应少于 1 块。

石挡土墙可采用毛石或料石砌筑。

毛石挡土墙应符合下列规定:每砌 3~4 皮为一个分层高度,每个分层高度应找平一次;外露面的灰缝厚度不得大于 40mm,两个分层高度间分层处的错缝不得小于 80mm,如图 3-3 所示。

图 3-3　毛石挡土墙

料石挡土墙宜采用丁顺组砌的砌筑形式。当中间部分用毛石填砌时,丁砌料石伸入毛石部分的长度不应小于 200mm。

当挡土墙的泄水孔设计无规定时,施工应符合下列规定:泄水孔应均匀设置,在每米高度上间隔 2m 左右设置一个泄水孔;泄水孔与土体间铺设长宽各为 300mm、厚 200mm 的卵石或碎石作为疏水层。

任务三　施工验收

一、石砌体施工验收

(一)施工验收的一般规定

(1)石砌体采用的石材应质地坚实,无风化剥落和裂纹。用于清水墙、柱表面的石材,应色泽均匀。

(2)砌筑前,石材表面的泥垢、水锈等杂质应清除干净。

(3)石砌体的灰缝厚度:毛料石和粗料石砌体不宜大于 20mm,细料石砌体不宜大于 5mm。

(4)砂浆初凝后,如移动已砌筑的石块,应将原砂浆清理干净,重新铺浆砌筑。

(5)砌筑毛石基础的第一皮石块应坐浆,并将大面向下;砌筑料石基础的第一皮石块应用丁砌层坐浆砌筑。

(6)在毛石砌体的第一皮及转角处、交接处和洞口处,应用较大的平毛石砌筑。每个楼层(包括基础)砌体的最上一皮,宜选用较大的毛石砌筑。

(二)砌筑毛石挡土墙应符合的规定

(1)每砌 3~4 皮为一个分层高度,每个分层高度应找平一次。

(2)外露面的灰缝厚度不得大于 40mm,两个分层高度间分层处的错缝不得小于 80mm。

(3)对料石挡土墙,当中间部分用毛石砌时,丁砌料石伸入毛石部分的长度不应小于 200mm。

(4)当挡水墙的泄水孔设计无规定时,施工应符合下列规定:

①泄水孔应均匀设置,在每米高度上间隔 2m 左右设置一个泄水孔;

②泄水孔与土体间铺设长宽各为 300mm、厚 200mm 的卵石或碎石作为疏水层;

③挡土墙内侧回填土必须分层夯填,分层松土厚度应为 300mm;墙顶土面应有适当坡度,使流水向挡土墙外侧面。

(三)施工验收的主控项目

(1)石材及砂浆强度等级必须符合设计要求。

抽检数量:同一产地的石材至少应抽检一组。砂浆试块的抽检数量执行本规范第 4.0.12 条的有关规定。

检验方法:料石检查产品质量证明书,石材、砂浆检查试导体试验报告。

(2)砂浆饱满度不应小于 80%。

抽检数量:每步架抽查不应少于 1 处。

检验方法:观察检查。

(3)石砌体的轴线位置及垂直度允许偏差应符合表 3-1 的规定。

抽检数量:外墙:按楼层(或 4m 高以内)每 20m 抽查 1 处,每处 3 延长米,但不应少于 3 处;内墙:按有代表性的自然间抽查 10%,但不应少于 3 间,每间不应少于 2 处,柱子不应少于 5 根。

(四)施工验收的一般项目

(1)石砌体的一般尺寸允许偏差应符合表 3-2 的规定。

表3-1　　　　　　　　　　　　石砌体的轴线位置及垂直度允许偏差

项次	项目		允许偏差（mm）						检验方法
			毛石砌体		料石砌体				
			基础	墙	毛料石		粗料石		细料石	
					基础	墙	基础	墙	墙、柱	
1	细线位置		20	15	20	15	15	10	10	用经纬仪和尺检查，或用其他测量仪器检查
2	墙面垂直度	每层		20		20		10	7	用经纬仪、吊线和尺检查，或用其他测量仪器检查
		全高		30		30		25	20	

表3-2　　　　　　　　　　　　石砌体的一般尺寸允许偏差

项次	项目		允许偏差（mm）							检验方法
			毛石砌体		料石砌体					
			基础	墙	基础	墙	基础	墙	墙、柱	
1	基础和墙砌体顶面标高		±25	±15	±25	±15	±15	±15	±10	用水准仪和尺检查
2	砌体厚度		±30	+20 −10	+30	+20 −10	+15	+10 −5	+10 −5	用尺检查
3	表面平整度	清水墙、柱	—	20	—	20	—	10	5	细料石用2m靠尺和楔形塞尺检查，其他用两直尺垂直灰缝拉2m线和尺检查
		混水墙、柱	—	20	—	20	—	15	—	
4	清水墙水平灰缝平直度		—	—	—	—	—	10	5	拉10m线和尺检查

抽检数量：外墙：按楼层(4m高以内)每20m抽查1处，每处3延长米，但不应少于3处；内墙：按有代表性的自然间抽查10%，但不应少于3间，每间不应少于2处，柱子不应少于5根。

（2）石砌体的组砌形式应符合下列规定：

内外搭砌，上下错缝，拉结石、丁砌石交错设置。

毛石墙拉结石每0.7m²墙面不应少于1块。

检查数量：外墙：按楼层(或4m高以内)每20m抽查1处，每处3延长米，但不应少于3处；内墙：按有代表性的自然间抽查10%，但不应少于3间。

检验方法：观察检查。

二、砌筑工程的安全与防护措施

建筑业是我国的支柱性产业之一，安全生产是社会文明和进步的重要标志，是国民经济稳定运行的重要保障,是坚持以人为本安全理念的必然要求,是坚持人与自然和谐发展的前提条件。建筑业从业人数众多,据不完全统计,全国进城务工的农民中有 60% 在建筑业或者相关产业工作。因此,搞好建设工程的安全生产关系着千万人民群众的生命和财产安全,是稳定大局、促进社会和谐稳定的主要因素。据统计,我国每年仅生产安全事故造成的直接经济损失,初步测算在 1000 亿元以上,加上间接损失,共高达 2000 多亿元。安全是建筑业的生命,施工安全管理是建筑工程项目管理的重要内容之一,如果管理不到位,会造成不可低估的后果。以下内容介绍的是建筑施工中需要注意和加强的地方。

(1)施工人员进入现场必须戴好安全帽,高空作业人员必须正确佩戴安全带。

(2)在操作之前,必须检查操作环境是否符合安全要求,道路是否畅通,机具是否完好牢固,安全设施和防护用品是否齐全,经检查符合要求后方可施工。

(3)砌基础时,应检查和经常注意基坑土质变化情况,如有无崩裂现象。堆放砌筑材料应离开坑边 1m 以上。当深基坑装设挡土板或支撑时,操作人员应设梯子上下,不得攀跳。运料时不得碰撞支撑,也不得踩踏砌体和支撑上下。

(4)墙身砌体高度超过地坪 1.2m 以上时,应搭设脚手架。在一层以上或高度超过 4m 时,采用里脚手架必须支搭安全网;采用外脚手架应设护身栏杆和挡脚板后方可砌筑。

(5)脚手架上堆料量不得超过规定荷载,堆砖高度不得超过 3 皮侧砖,同一块脚手板上的操作人员不应超过 2 人。

(6)在楼层(特别是预制板面)施工时,堆放机具、砖块等物品不得超过使用荷载。如超过荷载时,必须经过验算采取有效加固措施后,方可进行堆放及施工。

(7)不准站在墙顶上做画线、刮缝及清扫墙面或检查大角垂直等工作。

(8)不准用不稳固的工具或物体在脚手板面垫高操作,更不准在未经过加固的情况下,在一层脚手架上随意再叠加一层。

(9)砍砖时,应面向内打,防止碎砖跳出伤人。

(10)脚手架、井架、门架搭设好后,需经专人验收合格后方准使用。用于垂直运输的吊笼、滑车、绳索、刹车等,必须满足负荷要求,牢固无损;吊运时,不得超载,并需经常检查,发现问题及时修理。

(11)用起重机吊砖要用砖笼;吊砂浆的料斗不能装得过满。吊杆回转范围内不得有人停留,吊件落到架子上时,砌筑人员要暂停操作,并避开一边。

(12)砖、石运输车辆两车前后距离在平道上不小于 2m,在坡道上不小于 10m;装砖时,要先取高处,后取低处,防止垛倒砸人。

(13)已砌好的山墙,应临时用联系杆(如擦条等)放置各跨山墙上,使其联系稳定,或采取其他有效的加固措施。

(14)冬期施工时,脚手板上如有冰霜、积雪,应先清除后才能上架子进行操作。

(15)如遇雨天及每天下班时,要做好防雨措施,以防雨水冲走砂浆,致使砌体倒塌。在台风季节,应及时进行圈梁施工,加盖楼板,或采取其他稳定措施。

(16)在同一垂直面内上下交叉作业时,必须设置安全隔板,下方操作人员必须配戴安全帽。

(17)人工垂直往上或往下(深坑)转递砖石时,要搭递砖架子,架子的站人板宽度应不小于 60cm。

(18)用锤打石时，应先检查铁锤有无破裂，锤柄是否牢固。打锤要按照石纹走向落锤，锤口要平，落锤要准，同时要看清附近情况有无危险，然后再落锤，以免伤人。

(19)不准在墙顶或架上修改石材，以免震动墙体影响质量或石片掉下伤人。

(10)不准徒手移动上墙的料石，以免压破或擦伤手指。

(21)不准勉强在超过胸部以上的墙体上进行砌筑，以免将墙体碰撞倒塌或上石时失手掉下造成安全事故。

(22)石块不得往下掷。运石上下时，脚手板要钉装牢固，并钉防滑条及扶手栏杆。

(23)砌块砌筑时，对有部分破裂和脱落危险的砌块，应严禁起吊；起吊砌块时，严禁将砌块停留在操作人员的上空或在空中整修；砌块吊装时，不得在下一层楼面上进行其他任何操作工作；卸下砌块时应避免冲击，砌块堆放应尽量靠近楼板两端，不得超过楼板的承载力；砌块吊装就位时，应待砌块放稳后才能松开夹具。已经就位的砌块，必须立即进行竖缝灌浆；对稳定性较差的窗间墙、独立柱和挑出墙面较多的部位，应加临时稳定支撑，以保证其稳定性。

(24)在砌块砌体上，不宜拉锚缆风绳，不宜吊挂重物，也不宜作为其他施工临时设施、支撑的支承点，如果确实需要时，应采取有效的构造措施。

(25)经过大风、大雨、冰冻等异常气候之后，应检查砌体是否有垂直度的变化，是否产生了裂缝，是否有不均匀下沉等现象。

建筑工程百年大计，质量重于泰山。必须精心设计、精心施工，以确保其质量满足房屋的结构安全和建筑使用功能。

砌体工程的施工过程环节多，而且基本上为工人手工操作，其工程质量受众多因素影响，如原材料的质量、砌筑砂浆及混凝土的拌和质量(配合比、均匀性、抗压强度等)、砂浆拌制后的时间、块材的浇(洒)水湿润程度、砌筑时的砌筑方法、铺浆长度、砌筑灰缝砂浆饱满度、水平灰缝厚度、气候条件、工人的砌筑水平及施工质量管理水平的高低，等等。因此，各施工企业除了应不断加强工人技术水平和提高施工管理水平外，还应严格、认真执行产品标准和砌体工程施工质量验收规范，杜绝各种质量通病和质量事故。

小　　结

(1)了解石砌体的组砌方式以及材料质量的控制要点、施工要点、施工安全技术和施工验收等内容；

(2)了解石砌体主要的应用范围、施工安全技术等；

(3)熟悉砌筑工程的安全与防护措施。

思考题

1. 砌筑毛石挡土墙应符合哪些规定？
2. 砌筑工程的安全防护措施有哪些？

附录一

施 工 交 底

施工交底是指在建筑工程施工之前，由工程项目施工的相关人员按照规定的程序和组织，对即将施工的工程进行的事前控制，主要包括工程任务交底、施工图纸交底、安全技术交底和施工技术交底四个方面。交底可以是口头交底，也可以是书面交底，其中安全技术交底和施工技术交底必须以书面形式进行，并由交底人和接受交底人双方签字确认，不能代签，交底资料按照规定进行保存。

一、工程任务交底

工程任务交底是指工程施工前，工程项目部按照施工组织设计的要求，对具体施工过程的细化和实施，是保证工程按照施工组织设计的正确执行，在保证安全的前提下，为完成约定工程的质量、工期、价格而对工作任务在时间上、空间上进行分配和组织安排，主要是对各工种完成的时间，工种之间的交接配合，具体工作的衔接，人员分工、分配与安排的等问题所做的统筹、计划和安排。交底的对象主要是各个工种及小组负责人，再由负责人根据具体的内容对一线工人进行一对一、一对多的交底，其交底的内容更细、更具体、更具有针对性。

（一）基础知识学习

1. 工程任务交底的原则

（1）要满足安全生产的要求；

（2）要满足生产工艺的要求；

（3）要满足施工组织设计的要求，先安排主要工序，后安排次要工序；

（4）要满足空间上的要求，特别是要避免交叉作业的要求；

（5）要满足技术与组织上的要求；

（6）要注意合理的人员组织与安排，尽可能地减少窝工。

2. 各工种作业任务交底

各工种作业任务交底采用层级交底制，主要工序和特殊工序由项目技术负责人对主管施工员进行交底，由主管施工员向班组进行技术交底，一般工序由施工技术员直接向各施工班组进行交底。交底可以采取书面形式，也可以采取口头形式进行，书面形式的要保存交底记录。交底主要内容为：

（1）施工图纸要求：如混凝土强度等级、配合比、坍落度；钢材的材质、搭接长度等；施工操作规程、施工规范要求，如模板拆除时间，暗装给、排水管线的试压、试水，电气预理要求及与土建的相互配合等。

（2）施工质量标准：质量标准严格按施工图纸及施工验收规范的要求进行施工，合同规定有其他要求的，按照其他要求进行施工，并达到要求的质量标准，同时要配合与满足相关工种的有关技术要求，不得影响其他工序的施工质量。

（3）原材料与配合比的标准：各种进场的原材料必须符合图纸与规范的要求，做到不合格的材料不准进场、不合格的工序产品不准进入下一道工序；对于钢材、水泥等主要原材料，进场后要及时进行材料的抽样送检工作，原材料检验合格后，方可投入工程使用；及时提出混凝土、砂浆等的配合比，并严格按配合比要求投放工程材料；施工管理人员要定期或不定期地对原材料和施工配合比情况进行检查。

（4）保护上一工序、上一工种作业成果的要求：建筑工程施工工序复杂，参加施工的工种多，严格要求保护上一工序的劳动成果，做好成品及半成品的防护工作十分重要，特别是避免装饰面层的破坏、排水管道的堵塞、对绑扎好钢筋的随意踩踏等。

（5）特殊工序和特殊工种的施工：除按交底制的要求做好交底外，工程技术人员还要严格执行旁站制度，并做好准确的施工记录，特殊工序的操作人员和值班管理人员都要在记录上签名确认。

（二）教学内容的实施

通过已有的施工图纸，让学生通过识读图纸，分析该工程的施工任务，分析工程施工过程中可能采用的施工工艺和方法。

二、工程图纸交底

图纸交底是指在施工图完成并经审查合格后，设计单位在设计文件交付施工时，按法律规定的义务就施工图设计文件向施工单位和监理单位做出详细的说明，其目的是使施工单位和监理单位正确贯彻设计意图，使其加深对设计文件的特点、难点、疑点的理解，掌握关键工程部位的质量要求，确保工程质量。

（一）基础知识学习

1. 图纸交底的目的

为了使参与工程建设的各方了解工程设计的指导思想、建设构想和要求，采用的设计规范、抗震设防烈度、防火等级、基础、结构、内外装修以及设备设计，主要的建筑材料、构配件、设备的要求，所采用的新技术、新方法、新材料、新设备等，以及施工中需要特别注意的事项；掌握工程施工关键部位的技术要求，保证工程质量，设计单位依据国家设计技术管理的有关规定，对提交的设计图纸进行系统的设计图纸交底，同时，也为了减少图纸中的差错、遗漏、矛盾，将图纸中的质量隐患和质量问题消灭在施工之前，使设计施工图纸更符合施工现场的具体要求，避免返工浪费。图纸交底是保证工程质量的重要环节，也是保证工程质量的前提，是保证工程顺利实施的主要步骤。

2. 图纸交底的要求

（1）要求设计单位必须提供完整的设计图纸，各专业相互关联的图纸必须提供齐全、完整；

（2）要求设计单位必须派出负责该项目的主要设计人员参加，各专业设计人员也要参加；

（3）凡直接涉及设备制造厂家的工程项目和施工图纸，要求订货单位邀请设备厂家代表参加。

（4）交底以会议形式进行，并形成书面记录，交底人和接受人应履行交接签字手续。技术交底资料和交接手续是工程技术档案的重要组成部分，应及时归档妥善保管。

3. 图纸交底的内容

（1）设计单位的资质情况，是否无证设计和有无超越资质设计，设计图纸是否经过设计单位各级人员审核签署，是否通过施工图审查机构的审查。

（2）设计概况、设计依据、设计内容及范围、结构形式等，设计意图和设计特点以及应注意的问题；设计图纸与说明书是否齐全、明确，坐标、标高、尺寸、管线、道路等交叉连接是否相符，设计图纸内容、设计表达深度是否满足施工的要求。

（3）施工图与设备、特殊材料的要求是否一致，主要材料的来源是否有保障，是否可以代换、新设备、新标准、新技术的采用和对施工技术的特殊要求；新材料、新技术的应用是否落实；要对施工单位不熟悉的特殊构件的要求做出的解释，设计变更的情况以及相关要求，以及其他需要强调和说明的问题。

（4）土建结构布置与设计是否合理，是否与工程地质条件紧密结合，是否符合抗震设计的要求。

（5）对施工条件和施工中存在问题的意见。

（6）其他施工注意事项。

（二）教学内容的实施

通过已有的施工图纸，分组让学生分析图纸，指出图纸中可能存在的问题，包括不懂的和不理解的内容，收集图纸中设计所需要的技术资料，包括图集、标准、规程、施工工艺等资料。

三、工程安全交底

建筑业是我国的支柱产业之一，安全生产是社会文明和进步的重要标志，是国民经济稳定运行的重要保障，是坚持"以人为本"安全理念的必然要求，是坚持人与自然和谐发展的前提条件。建筑业从业人数众多，据不完全统计，全国进城务工的农民有60%在建筑业或者相关产业工作，因此，搞好建设工程的安全生产关系着千万人民群众的生命和财产安全，是稳定大局，促进社会和谐稳定的主要因素。安全是建筑业的生命，要坚持安全第一、预防为主的方针，施工安全管理是建筑工程项目管理的重要内容之一，如果管理不到位，将会造成极为严重的后果。

安全交底是施工作业前，施工单位技术部门的技术人员将分部分项工程安全施工的技术要求向施工班组、作业技术人员进行安全技术交底，由项目部安全管理人员参加并监督实施，安全交底必须有针对性，认真交代注意事项、个人防护用具、公共防护措施、危险因素、预防措施、应急措施等，安全技术交底应形成书面记录，交底人、被交底人双方签字，严禁代签。

施工安全技术交底的编制工作由相关专业技术人员完成，要在新开项目开工前报送本部门负责人审核、项目总工批准实施。按照被批准后的安全技术交底方案，由项目总施工长或施工员组织并主持对施工作业班组进行交底。交底会必须事先通知技术、质量安全人员参加。大的新施工项目在施工前交底项目总工、总施工长等必须参加（具体由项目总工确定）。安全技术交底是由技术人员对施工员、施工作业班组人员的交底。为此，施工员对安全技术交底的执行结果负责。技术、质量安全人员负责监督，对实施过程控制负责。如果出现问题，施工员、技术员、质量安全人员要及时发现，果断处置。因不能很好执行安全技术交底的施工员、施工作业班组及相关管理人员，视损失程度将分别予以承担责任。在施工过程中，项目部专职质量安全人员对违章作业、不执行安全技术交底的人员，有权做停工罚款处理，以减轻后果和影响。

（一）基础知识学习

1. 施工现场安全管理目标

不发生因工死亡事故，不发生重大施工机械设备损坏事故，不发生坍塌（土方、满堂支撑架、脚手架、设备）事故，不发生重大火灾、食物中毒事故，不发生重大责任交通事故，不发生重大环境污染事故。

2. 施工现场安全文明施工纪律

（1）进入施工现场的人员，要注意各种安全标志，并自觉遵守标牌要求和形成规定。

（2）进入施工现场必须正确佩戴安全帽，系好下颚带。

（3）进入施工现场要正确穿戴个人防护用品，项目工作人员穿着整齐统一、佩戴胸卡上岗。

（4）进入施工现场的人员严禁穿拖鞋、凉鞋、高跟鞋、背心、短裤、短袖衫及裙装。严禁在现场内赤膊、赤脚。

（5）进入施工现场人员不得长发披肩，长发、长辫应塞进安全帽内。

（6）进入施工现场施工人员不得打领带，不宜戴戒指、手链等饰物。

（7）从事尘、毒及特殊作业的人员，应穿着专用防护服。

（8）严禁酒后进入施工现场。

（9）严禁在施工现场吸烟室以外的任何地点吸烟。

（10）严禁擅自进入危险作业区域。

（11）在没有可靠安全防护设施的高处（2m及2m以上）临边和陡坡施工时，必须系好安全带。

（12）高处作业不得穿硬底鞋，不得向下投掷物料。

（13）使用砂轮机，进行火焊、高速切削，接触化学危险品时，必须戴防护镜。

（14）进入施工现场严禁乱扔杂物及随意堆放物品。

（15）对临时进入施工现场的载货车辆实行登记准入制度，人员佩戴安全帽。

（16）进入现场的车辆必须清洁卫生，盛装散落物要有防散落措施，不得影响道路清洁。

（17）现场机动车辆以保证车况完好，防止飞扬尘土和碎石伤人。

3. 安全技术交底的原则

（1）安全技术交底与建筑工程的技术交底要融为一体，不能分开。

（2）必须严格按照施工制度，在施工前进行交底。

（3）要按不同工程的特点和不同工程的施工方法，针对施工现场和周围环境，从防护上、技术上提出相应的安全措施和要求。

（4）安全交底要全面、具体、针对性强，做到安全施工、万无一失。

（5）建筑机械安全技术交底时要向操作人员交代机械的安全性能及安全操作规程和安

全防护措施，并经常检查操作人员的交接班记录。

（6）交底应由施工技术人员编写，并向施工班组及责任人交底，安全员负责监督执行。

4. 安全技术交底的要求

安全技术交底工作在正式作业前进行，不但口头讲解，而且应有书面文字材料，并履行签字手续，施工负责人、生产班组、现场安全员三方各留一份。安全技术交底是施工负责人向施工作业人员进行责任落实的法律要求，要严肃认真地进行，不能流于形式。交底内容不能过于简单，千篇一律，应按分部分项工程和针对具体的作业条件进行。安全技术交底的内容：按照施工方案的要求，在施工方案的基础上对施工方案进行细化和补充；对具体操作者讲明安全注意事项，保证操作者的人身安全。

（二）教学内容的实施

1. 关于"三宝"的使用

"三宝"是指安全帽、安全网、安全带。

安全帽：进入施工现场作业区必须戴好安全帽（图1）；安全帽必须符合国家标准（GB2811—2007）；应正确使用安全帽，扣好帽带，不准使用缺衬、无帽带或破损的安全帽。

安全网：安全网必须有产品生产许可证、质量合格证等，严禁使用无证、不合格产品；密目式安全网应符合国家标准《密目式安全网》（GB6095—2009），安全网应符合国家标准《安全网》（GB6095—2009），见图2。

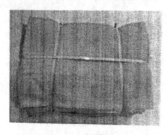

(a) 立网　　　　　　　　(b) 平网

图1　安全帽　　　　　　　　　　　　　　图2　安全网

安全带：高处作业必须系安全带；安全带应高挂低用，图3，挂在牢固可靠处，不准将绳打结使用；安全带应符合国家标准《安全网》（GB6095—2009）。

2. "四口"、"五临边"的防护

"四口"、"五临边"的防护应按照《建筑施工高处作业安全技术规范》及《建筑施工安全检查标准》（GJG59—99）设置。

"四口"主要是指楼梯口、电梯井口、预留洞口、通道口。

1) 楼梯口安全防护

楼梯口必须设置防护栏杆，且应牢固稳定。防护栏杆采用双道护栏形式，下道栏杆离楼梯面高度500mm，上道栏杆离楼

图3　安全带

梯面高度 1200mm，钢管表面刷黄黑警示色油漆（图 4、图 5）。

图 4 楼梯口做法

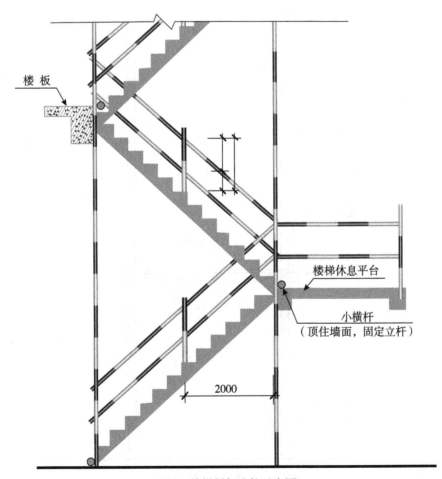

图 5 楼梯栏杆防护示意图

2）电梯井安全防护

电梯井口必须设置定型化、标准化、工具化的防护门，井内每隔两层且高度不超过10m应设安全平网，网内不得有杂物。如图6所示，防护门底部安装1800mm高木质踢脚板，防护门外侧张挂"当心坠落"安全警示牌。电梯井内水平防护采用在井内用钢管搭设防护平台，上面采取满铺竹跳板（主体结构施工阶段），或兜挂安全平网（装修施工阶段）的形式进行防护。水平防护的位置根据楼层层高设置，层高≥10m，每层电梯井设置水平防护，严禁将电梯井防护平台用做进出料口平台。如图7、图8所示。

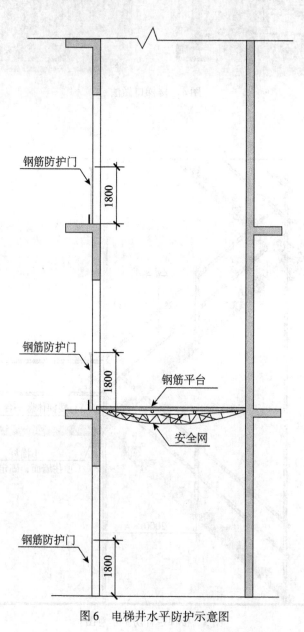

图6　电梯井水平防护示意图

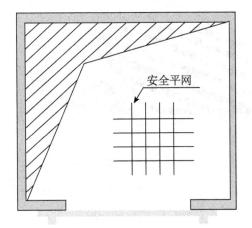

图7　电梯井防护平面图

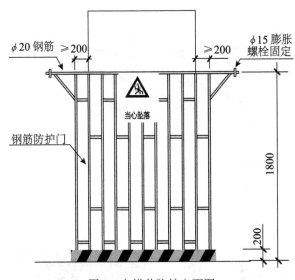

图8　电梯井防护立面图

3）预留洞口安全防护

对于短边尺寸小于250mm的洞口，应按规定采用盖板防护，盖板应坚实牢固，盖板上刷黄黑警示色油漆，如图9所示。

对于250～500mm预留洞口，可利用钢管扣件在洞口上紧靠洞口边搭设"井"字形平台，平台上每隔一定距离铺设木枋，在木枋上铺钉木板，盖板上刷黄黑警示色油漆，并用红色油漆标明"严禁拆移"。如图10所示。

对于500～1500mm的洞口，也需要设置安全防护栏杆，如图11所示。

对于大于1500mm的洞口，在主体结构施工时，利用钢管扣件在洞口上搭设"井"字形平台，平台上铺设硬质材料（竹跳板或木枋模板）进行防护。洞口四周搭设防护栏杆（采用双道栏杆形式，下道栏杆离楼梯面高度为500mm，上道栏杆离楼梯面高度为1100mm，

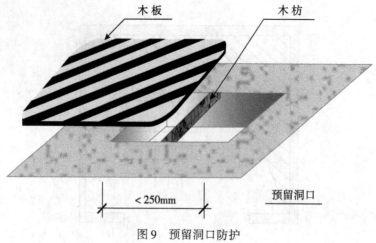

图 9 预留洞口防护

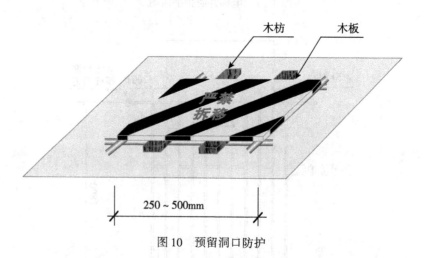

图 10 预留洞口防护

图 11 预留洞口防护

立杆高度为1200mm,)钢管表面刷黄黑警示色油漆,在栏杆外侧张挂"当心坠落"的安全警示标志牌。安装及装修阶段施工时,洞口四周搭设防护栏杆(采用三道栏杆形式,下道栏杆离楼梯面高度为50mm,中道栏杆离楼梯面高度为500mm,上道栏杆离楼梯面高度为1100mm,立杆高度为1200mm,)钢管表面刷黄黑警示色油漆,在栏杆外侧张挂"当心坠落"的安全警示标志牌(图12)。

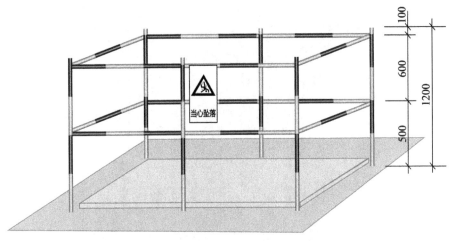

图12　预留洞口防护示意图(大于1500mm,结构施工阶段)

4)通道口安全防护

建筑物的主出入口必须设置安全通道防护棚,其宽度应稍宽于通道口,长度根据建筑物高度确定,高度在15m以下的建筑物,通道棚长度≥4m;高度在15~30m的建筑物,通道棚长度≥5m;高度超过30m的建筑物,通道棚长度≥6m;通道棚长度从外脚手架外排立杆开始计算。通道棚入口上方应挂设安全警示标志牌,如图13所示。

通道口必须搭设双层防护棚,防护棚两侧设防护栏杆,并挂设立网。

图13　安全通道防护

防护棚顶部搭设可采用5cm的木板或相当于5cm厚木板强度的其他材料，当采用竹笆等强度较低材料时，应采用双层防护棚，层间距为0.5m。安全通道两侧采用密目安全网封闭，如图14~图16所示。

应在物料提升机进料口、外用电梯地面进料口以及其他需要搭设的位置，应设置安全防护棚。

图14　临街通道口

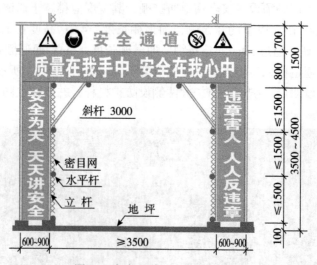

图15　安全通道入口设置示意图

5）"五临边"防护

"五临边"即在建工程的楼面临边、屋面临边、阳台临边、升降口临边、基坑临边。临边作业无防护或防护高度低于800mm的，必须设置防护栏杆。

临边防护栏杆应设置上下两道，上杆距地高度为1.2m，下杆距地高度为0.5~0.6m，

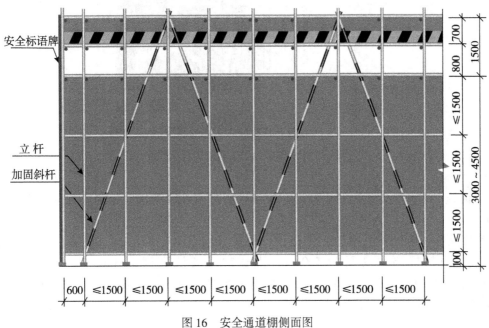

图 16　安全通道棚侧面图

立杆间距不大于 2m，并设置 18cm 挡脚板或立网。防护栏杆宜使用钢管，牢固可靠，可承受 1kN 的外力。栏杆应刷黄黑相间警示色油漆。

在非临街面，当临边窗台高度低于 0.8m，外侧高差大于 2m 时，要按照以下要求搭设防护栏杆：防护采用钢管扣件搭设，防护采用双道栏杆形式，上道栏杆离地高度为 1100mm，下道栏杆离地高度为 500mm，立杆高度为 1200mm，立杆间距为 2000mm，钢管表面刷黄黑警示色油漆，在栏杆内侧张挂"当心坠落"的安全警示标志牌。如图 17、图 18 所示。

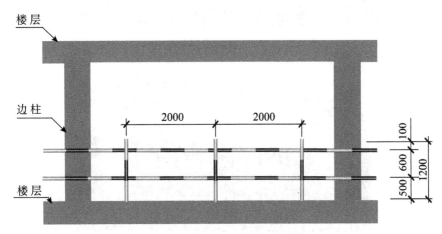

图 17　楼层非临街面临边防护

图18　楼层非临街面临边防护现场照片

临街施工时，除设置防护栏杆外，敞口立面必须采取满挂安全网或其他可靠措施全封闭。

在临街面，防护采用钢管扣件搭设，防护采用三道栏杆形式，扫地杆离地高度为50mm，中道栏杆离地高度为500mm，上道栏杆离地高度为1100mm，立杆高度为1200mm，立杆间距为2000mm，钢管表面刷黄黑警示色油漆，在栏杆内侧张挂"当心坠落"的安全警示标志牌。如图19、图20所示。

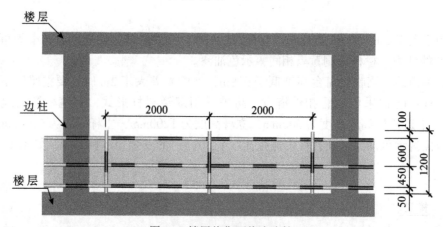

图19　楼层临街面临边防护

图20　楼层临街面临边防护现场

（三）教学实例

1. 地基与基础施工、土方工程施工安全交底

1）地基与基础施工安全交底

地基与基础工程施工种类较多，从安全交底的角度来说，主要有地基处理、桩基础施工、深基坑施工，涉及机械、方法、用电等多方面。

2）土方工程施工安全技术交底

建筑工程的土方工程主要为场地平整、基坑（槽）、路基及一些特殊建筑物基础的开挖、回填和压实。土方工程施工中最容易出现滑坡和塌方事故。主要预防措施有：

施工前，应做好必要的地质、水文和地下管道的调查工作，制定出相应的土方开挖方案；

排除地表水、地下水，防止水冲刷、浸流产生滑坡或塌方；

挖土应从上而下进行，严禁采用挖底脚（挖神仙土）施工方法；

严格按照土质和深度情况进行放坡，放坡系数按施工规范执行；

施工区域狭窄或条件有限，不能放坡时，应采取固壁支撑措施；

当施工时发现土壤有裂缝、落土或滑动现象时，应采取加固措施或排除险情后再施工；

吊运土方的绳索、滑轮、钩子等应牢固无损，起吊时，垂直下方不得有人；

拆除支撑时，应从下而上逐步拆除。更换支撑、支架时，应先架上新的，再拆下旧的，各种支撑方式都要设好上下阶梯，禁止踩踏支撑上下。

2. 主体工程安全交底

1）钢筋工程安全技术交底。

（1）进入现场必须遵守安全生产六大纪律。

（2）钢筋断料、配料、弯料等工作应在地面进行，不准在高空操作。

（3）搬运钢筋要注意附近有无障碍物、架空电线和其他临时电气设备，防止钢筋在回转时碰撞电线或发生触电事故。

（4）现场绑扎悬空大梁钢筋时，不得站在模板上操作，必须在脚手板上操作；绑扎3m以上独立柱头钢筋时，必须搭设操作平台。不准站在钢箍上绑扎，也不准将木料、管子、钢模板穿在钢箍内作为立人板。

（5）起吊钢筋时，下方禁止站人，必须待骨架降到距离模板1m以下才准靠近，就位支撑好方可摘钩。

（6）起吊钢筋时，规格必须统一，不准长短参差不一，细长钢筋不准一点吊。

（7）切割机使用前，须检查机械运转是否正常，有否二级漏电保护；切割机后方不准堆放易燃物品。

（8）钢筋头子应及时清理，成品堆放要整齐，工作台要稳，钢筋工作棚照明灯必须加网罩。

（9）高空作业时，不得将钢筋集中堆在模板和脚手板上，也不要把工具、钢箍、短钢筋随意放在脚手板上，以免滑下伤人。

（10）在雷雨时必须停止露天操作，预防雷击钢筋伤人。

（11）钢筋骨架不论其固定与否，不得在上行走，禁止从柱子上的钢箍上下。

2）混凝土工程安全技术交底

（1）进入现场必须遵守安全生产纪律。

（2）车道板，单车行走宽度不小于 1.4m，双车来回宽度不小于 2.8m。在运料时，前后应保持一定车距，不准奔走、抢道或超车。到终点卸料时，双手应扶牢车柄倒料，严禁双手脱把，防止翻车伤人。

（3）用塔吊、料斗浇捣混凝土时，起重指挥、扶斗人员与塔吊驾驶员应密切配合，当塔吊放下料斗时，操作人员应主动避让，应随时注意料斗碰头，并应站立稳当，防止料斗碰人坠落。

（4）离地面 2m 以上浇捣过梁、雨篷、小平台等时，不准站在搭头上操作，如无可靠的安全设施，则必须戴好安全带，并扣好保险钩。

（5）使用振动机前，应检查电源电压，必须经过二级漏电保护，电源线不得有接头，机械运转应正常，振动机移动时不能硬拉电线，更不能在钢筋和其他锐利物上拖拉，防止割破拉断电线而造成触电伤亡事故。

（6）井架吊篮起吊或放下时，必须关好井架安全门，头、手不准伸入井架内，待吊篮停稳，方能进入吊篮内工作。

3）砌筑工程安全技术交底

（1）在操作之前，必须检查操作环境是否符合安全要求，道路是否畅通，机具是否完好牢固，安全设施和防护用品是否齐全，经检查符合要求后才可施工。

（2）砌基础时，应检查和经常注意基坑土质变化情况，如有无崩裂现象；堆放砖块材料应离开坑边 1m 以上；当深基坑装设挡板支撑时，操作人员应设梯子上下，不得攀跳，运料不得碰撞支撑，也不得踩踏砌体和支撑上下。

（3）墙身砌体高度超过地坪 1.2m 以上时，应搭设脚手架，在一层以上或高度超过 4m 时，采用里脚手架必须支搭安全网，采用外脚手架应设护身栏杆和挡脚板后方可砌筑。

（4）脚手架上堆料量不得超过规定荷载，堆砖高度不得超过 5 皮侧砖，同一块脚手板上的操作人员不应超过 2 人。

（5）采用内脚手架时，应在房屋四周按照安全技术规定的要求设置安全网，并随施工的高度上升，屋檐下一层安全网，在屋面工程完工前，不准拆除。

（6）砌块施工时，不准站在墙身上进行砌筑、画线、检查墙面平整度和垂直度及裂缝、清扫墙面操作，也不准在墙身上行走。

（7）砌块吊装就位时，应待砌块放稳后，方可松开夹具。

（8）对已经就位的砌块，必须立即进行竖缝灌浆；对稳定性较差的窗间墙独立柱和挑出墙面较多的部位，应加临时支撑，以保证其稳定性；在台风季节，应及时进行圈梁施工，加盖、楼板或采取其他稳定措施。

（9）在砌块、砌体上，不宜拉缆风绳，不宜吊挂重物，也不宜做其他施工临时设施，支撑的支承点，如确实需要时，应采取有效的措施。

（10）遇到下列情况时，应停止吊装作业：

①不能听清信号时；

②起吊设备、索具、夹具等，有不安全因素没有排除时；

③大雾或照明不足时。

（11）冬期施工时，应在上班操作前清除掉在机械、脚手板和作业区内的积雪、冰雪，严禁起吊同其他材料冻结在一起的砌体和构件。

（12）大风、大雨、冰冻等异常气候之后，应检查砌体是否有垂直度的变化，是否产生了裂缝，是否有不均匀下沉等现象。

（13）灰浆泵使用前，输浆管各部插口应拧紧、卡牢，管路应顺直，避免折弯；同时，还应检查管道是否畅通，压力表、安全阀是否灵敏可靠，操作时应戴保护眼镜、口罩、手套，在操作过程中，应严格按照规定压力进行，如果超压和压浆管道阻塞，应卸压检修，拆洗时，应先拆靠近身体一侧的法兰螺丝，以防砂浆喷出伤人。

3. 模板、脚手架

1）模板工程安全技术措施交底

工人工作前应戴好安全帽，检查使用的工具是否牢固，扳手等工具必须用绳链系挂在身上，防止掉落伤人。工作时应集中思想，避免钉子扎脚和空中滑落。

安装与拆除5m以上的模板时，应搭设脚手架，并设防护栏杆，禁止在同一垂直面上下操作。高处作业时要系安全带。

不得在脚手架上堆入大批模板等材料。

对高处、复杂结构模板的安装与拆除，事先应有切实安全措施。高处拆模时，应有专人指挥，并在下面标出工作区。组合钢模板装拆时，上下应有人接应，随装拆随运送，严禁从高处掷下。

支撑、牵杠等不得搭在门窗框架和脚手架上，通路中间的斜撑、拉杆应放在1.8m以上处，支模过程中，如需中途停歇，应将支撑、搭头、柱头板等钉牢；在拆模间歇期，应将已拆除的模板、牵杠、支撑等运走或妥善堆放。

拆除模板一般用长撬棍。应防止整块模板掉下，以免伤人。

模板上有预留洞口，应在安装后盖好洞口。对混凝土板上的预留洞口，应在模板拆除后随即将其盖好。

2）满堂脚手架搭设安全技术交底

立杆：纵横向立杆间距≯2m，步距≯1.8m，地面应整平夯实，立杆埋入地上30～50cm，不能埋地时，立杆下应垫枕木并加设扫地杆。

横杆：纵横向水平拉杆步距≯1.8m，操作层大横杆间距≯40cm。

剪刀撑：四角应设抱角斜撑，四边设剪刀撑，中间每隔四排立杆沿纵向设一道剪刀撑，斜撑和剪刀撑均应由下而上连续设置。

架板铺设：架高4m以内，架板间隙≯20cm；架高大于4m，架板必须满铺。

3）上料平台搭设安全技术交底

上料平台要独立设搭设，平台距井架间隙不得超过10cm，平台宽度以进出料方便为原则，长度应大于吊栏外侧。

搭设材料：一般用杉木或钢管搭设；当承重量不大时（在300kg以内）和高度不高时，也可用毛竹搭设（应使用新竹经挑选），搭设方法基本和脚手架相同。

用途构造：主要作为井字架吊篮进出料通道使用，一般不堆放材料。

主要杆件立杆、横杆、水平拉杆、剪刀撑、栏杆等。

搭设：立杆间距为1～1.5m，步距为1.5～1.8m，视建筑物层高而定，上料平台与每层楼面平齐。

每隔 1~1.5m 高设一道纵横向水平拉杆，在操作层通道处可设在 1.8m 高处。

横杆：当平台铺设竹架板时，大横杆间距在 40cm 以内，当使用钢、木脚手板时，大横杆间距不大于 60cm。

剪刀撑：外立杆四周应自下而上连续设置，在进、出料口处可断开，留出通道。

栏杆：平台四周按规定设置 1~1.2m 高的防护栏杆，正面设可开启的安全门。

缆风：当平台高度超过 10m 时，四面要设缆风绳，或与建筑物固定牢固，并不得固定在井架上。

4）外脚手架安全技术交底

搭设金属扣件双排脚手架时，应严格按规定要求。

（1）搭设前，应严格进行钢管筛选，凡严重锈蚀、薄壁、严重弯曲裂变的杆件不宜采用。

（2）严重锈蚀、变形、有裂痕、螺栓螺纹已经损坏的扣件不准采用。

（3）脚手架的基础除按规定设置外，必须做好排水处理。

（4）高层钢管脚手架座立于槽钢上的，必须有扫地杆连接保护，普通扫地杆必须设底座保护。

（5）不宜采用承插式钢管做底部里杆交错之用。

（6）所有扣件紧固力矩，应达到 45~55N·m。

（7）同一立面的小横杆，应对等交错设置，同时立杆上下对直。

（8）斜杆接长，不宜采用对接扣件，应采用叠交方式，搭接长度不小于 50cm，用 3 只回转扣件均匀分布扣紧，两端余头不小于 10cm。

（9）高层建筑金属脚手架的拉杆，不宜采用铅丝攀拉，必须采用埋件形式的钢性材料。

安全网、水平兜网的安装如图 21 所示，外脚手架的基础设置如图 22 所示，踢脚板如图 23 所示。

（四）卷扬机安全技术交底

（1）建筑施工中，卷扬机的安装多为临时安装，利用机座上的预留孔或用钢丝绳盘绕机座固定在地锚上。机座后部加放压铁，确保卷扬机在作业时不发生滑动、位移、倾覆现象。

（2）钢丝绳出头应从下方引出，卷筒中心应与前面的第一个导向滑轮中心线垂直，第一个导向滑轮不准使用开口滑轮，滑轮应用地锚固定，不准绑在垂直运输架上。

（3）滑轮距卷扬机至少保持 8~12m，超过 3t 的卷扬机，该距离应大于 15m。钢丝绳绕到卷筒两端，其倾角不准超过 1.5°~2°。

（4）为确保安全，起吊重物处于最低位置时，钢丝绳不应从卷筒上全部放出，除压板固定的圈数外，至少还应留有 3 圈安全圈。

（5）安装卷扬机时，应选择地势稍高、视野良好、地基坚实的地方。室外安装的卷扬机应有防雨、防砸措施。一般是搭设简易工棚，工棚搭好后，应保证卷扬机操作人员能看到被吊物件的起落情况和地点。现在，有的施工现场在井架或龙门架上安装有摄像头，在卷扬机旁边设置一个显示屏，这对卷扬机操作人员有所帮助。

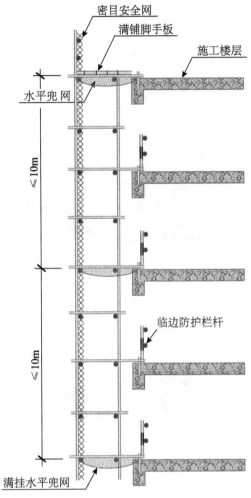

图21　安全网、水平兜网的安装

（6）卷扬机的电气控制系统要设在司机身边。保证设置要可靠有效，以防触电。

（7）卷扬机的司机应经培训、考核合格，持证上岗，定机定人。操作前，应进行试车，要检查制动设备是否灵敏可靠，连接紧固件是否有松动，工作条件及安全装置是否符合要求，确认无误后方准开车。

（8）卷扬机严禁超载运行，运行时，钢丝绳不准拖地。通过通道时，应加保护装置，不准人踩、车压，严禁人员跨越正在运行的钢丝绳。

（9）埋设地锚应根据缆绳拉力进行必要的计算，并考虑相应的安全系数，使其具有足够的锚固力。根据计算和埋设条件，选择地锚的规格和型式。

（10）地锚只允许在规定和方向受力，钢丝绳生根的方向应尽量和地锚受力方向一致。

（11）地锚要埋设在干燥的地方，防止雨水浸泡。

（12）严禁使用虫蛀、腐朽、裂缝等木材做地锚。

（13）严禁利用现场不稳固的物体、电线杆、生产运行中的设备、管道及不明吨位的构筑物代替地锚。

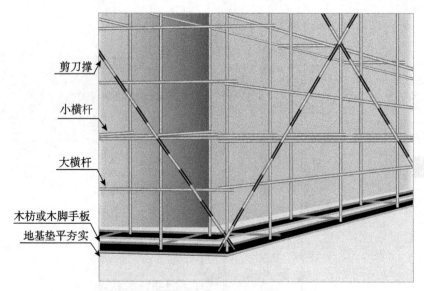

图 22　落地式外脚手架基础设置示意图

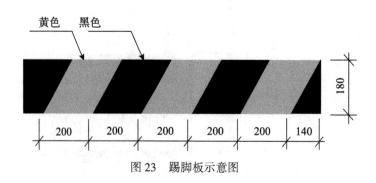

图 23　踢脚板示意图

（14）地锚在使用过程中要指派专人负责，并经常进行检查，尤其是雨后更要进行检查，发现问题要及时采取措施。

（五）电的安全交底

1. 临时用电安全技术交底

施工现场临时用电应按照《施工现场临时用电安全技术规范》（JGJ46—2005）标准执行。

（1）施工现场临时用电专项施工组织设计应由施工单位电气工程师参加会审，施工单位技术负责人审批，项目总监审查签字。

（2）施工临时用电必须采用 TN-S 系统，符合"三级配电、逐级保护"，达到"一机、一闸、一漏、一箱"要求。电箱设置、线路敷设、接零保护、接地装置、电气连接、漏电保护等各种配电装置应符合规范要求。

（3）外电线路必须按照规范要求进行防护。

（4）施工现场应配备必要的电气测试仪器，电工必须每天巡回检查，并做好检查维修记录。

2. 安全用电自我防护技术交底

施工现场用电人员应加强自我防护意识，特别是电动建筑机械的操作人员必须掌握安全用电的基本知识，以减少触电事故的发生。对于现场中一些固定机械设备的防护，对操作人员应进行如下交底：

(1)开机前认真检查开关箱内的控制开关设备是否齐全有效，漏电保护器是否可靠，发现问题及时向工长汇报，工长派电工解决处理。

(2)开机前仔细检查电气设备的接零保护线端子有无松动，严禁赤手触摸一切带电绝缘导线。

(3)严格执行安全用电规范，凡一切属于电气维修、安装的工作，必须由电工来操作，严禁非电工进行电工作业。

3. 电工安全技术交底

操作人员严格执行电工安全操作规程，对电气设备工具要进行定期检查和试验，凡不合格的电气设备、工具要停止使用。

电工人员严禁带电操作，线路上禁止带负荷接线，要正确使用电工器具。

电气设备的金属外壳必须做接地或接零保护，在总箱、开关箱内必须安装漏电保护器实行两级漏电保护。

电气设备所用保险丝，禁止用其他金属丝代替，并且需与设备容量相匹配。

施工现场内严禁使用塑料线，所用绝缘导线型号及截面必须符合临电设计。

电工必须持证上岗，操作时必须穿戴好各种绝缘防护用品，不得违章操作。

当发生电气火灾时，应立即切断电源，用干砂灭火，或用干粉灭火器灭火，严禁使用导电的灭火剂灭火。

凡移动式照明，必须采用安全电压。

施工现场临时用电施工，必须执行施工组织设计和安全操作规程。

四、技术交底

技术交底是指工程(单位或分项工程)施工前，由项目经理主持、项目总工负责向技术人员，或技术人员向班组长按照施工组织设计和施工图纸及施工规范的要求落实的一项具体工作，是施工技术管理的重要步骤。

(一)基础知识学习

1. 施工技术交底的目的

(1)使参加施工的领导、工程技术人员、作业班组明确所担负工程任务或作业项目的特点及技术要求、工程规模，明确施工意义、施工目的、施工过程、施工方法、质量标准、安全措施、环境控制措施、节约措施和工期要求等，以便更好地组织施工及完成施工任务。确保施工质量符合规定要求，实现工程项目质量目标。

(2)明确交底人和接受交底人间的责任。发生工程事故，若是因为交底人未进行交底或交底不清，交底人负主要责任；若是因为接受交底人未按交底要求施工，接受交底人的负主要责任。同时，技术交底也必须安排在单位工程或分部、分项工程施工前进行，并应为施工留出适当的准备时间。技术交底以会议形式进行，并形成书面记录，交底人和接受人应履行交接签字手续。技术交底资料和交接手续是工程技术档案的重要组成部分，应及时归档妥善保管。

2. 施工技术交底的原则

施工技术交底，是为了使参与施工管理和操作人员都能够了解掌握工程特点、技术要求、施工方法和安全注意事项的一种不可缺少的技术管理程序。以做到心中有数，指导施工，达到质量优、消耗低、进度快、效益高的目的。

施工技术交底虽然是分级进行、分级管理的，但最关键的是施工技术员一级的交底。它直接指导施工，直接归档，所以要提高施工技术交底的质量，使技术交底起到指导施工的作用，施工技术交底的编写必须遵循以下原则：

（1）所写的内容必须针对工程实际，不可弃工程实际而照抄规范、标准和规定。

（2）所写内容必须实事求是、切实可行，对规范、标准和规定，不能因施工素质不高而降低。

（3）交底内容必须重点突出、全面具体，确保达到指导施工的目的。

（4）交底工作必须在开始施工以前进行，不能后补。

（5）编写的程序和内容应力求科学化、标准化，凡是能用图表表示的，一律不用文字和叙述。

施工技术交底的编写项目，就目前来看，多数以分项工程的部位按工种划分项目过多、内容重复、工作量大，如果将各分项工程按工种划分归类进行编写，这些弊病可以避免。按工种划分归类实际上就是按操作分工划分，这样做的优点是可以使参与施工的所有人员比较系统地了解和掌握整个工程的全部情况，有助于统筹管理和全员、全过程管理的进行，避免重复，减少篇幅，有助于原始资料标准化的实现。

施工技术交底项目的编制内容主要包括工程概况、质量要求、施工方法和施工注意事项、安全措施和安全注意事项四个方面。

工程概况是指每编写项目中各项工程的名称、部位、数量规格、型号和设计要求等综合交代，宜用表格形式编写，除表格以外，如有需要说明的内容，可适当增加一部分文字叙述，但必须简明扼要。

质量要求包括设计的特殊要求和有关规范、标准的规定，既包括工程质量标准，又包括材料质量标准。

编写施工技术交底项目时，应注意以下几点：

（1）交底的编写应在施工组织设计或施工方案编制以后进行。将施工组织设计或施工方案中的有关内容纳入施工技术交底中。

（2）交底的编写应集思广益，综合多方面意见，提高质量，保证可行，便于实施。

（3）叙述内容应尽可能使用肯定语，以便检查与实施。

（4）凡是本工程或本项交底中没有或不包括的内容，一律不得照抄规范和规定。

（5）文词要简练、准确，不能有误；字迹要清晰，交接手续要健全。

（6）交底需要补充或变更时，应编写补充或变更交底。

（二）教学内容的实施

1. 技术交底的实施与要求

（1）项目部技术交底由项目部经理主持，项目总工负责向质检工程师、技术人员、施工管理人员、有关职能部门进行技术交底。交底的主要依据是经业主批准的施工组织设计文件。交底后形成由交底主持人签署的会议纪要或其他文字资料，和施工组织设计一起作为技术交底的依据。

（2）施工工期较长的施工项目除开工前交底外，至少每月再交底一次。

（3）单位工程在施工前，应根据施工进度，按部位和操作项目，由项目总工向施工队队长及班组长进行技术交底，填写技术交底卡片。要结合工作特点和班组具体情况，重点突出，结合实际，切忌照抄照搬。

（4）技术交底的内容应做到施工方法正确，各项措施针对性强，技术先进，详略得当，结合实际。

（5）项目总工必须全面了解各专业施工中的衔接和配合。因此，要求各专业技术负责人应如实地将本专业有关技术交底材料及时抄送项目总工备查，使在纵横向技术管理工作中，把各专业有机地联系起来。

（6）技术交底必须要有交底记录。参加施工技术交底人员（交底人和被交底人）必须签字，未参加施工技术交底人员必须补充交底。工程总体交底记录由项目部施工部保存，工地级技术交底由工地专责工程师保存，项目施工技术交底记录由项目部施工工地项目技术员保存。单位工程的技术交底资料可由项目部资料保管人员负责汇集整理。

2. 施工技术交底责任

（1）技术交底工作由各级技术负责人组织。对重大和关键工程项目，必要时可请上级技术负责人参加，或由上一级技术负责人交底。各级技术负责人和技术管理部门应经常督促检查技术交底工作进行情况。

（2）施工人员应按交底要求施工，不得擅自变更施工方法。有必要更改时，应取得交底人同意并签字认可。技术交底人、技术人员、施工技术和质检部门发现施工人员不按交底要求施工，可能造成不良后果时，应立即劝止，劝止无效时，有权停止其施工，同时报上级处理。

（3）发生质量、设备或人身安全事故时，事故原因如属于交底错误，由交底人员负责；如属于违反交底要求，由施工负责人和施工人员负责；如属于违反施工人员"应知应会"要求，由施工人员本人负责；如属于无证上岗或越岗参与施工，则除本人应负责任外，班组长和班组专职工程师（技术员）亦应负责。

3. 工程总体交底——工程项目部级技术交底

在工程开工前，工程项目部总工程师组织有关技术管理部门依据设计文件、设备说明书、施工组织总设计等资料，对项目部职能部门和分包单位有关人员及主要施工负责人进行交底，其内容为工程整体的战略性安排，包括以下内容：

（1）总承包的工程范围及其主要内容；

（2）工程施工范围划分；

（3）工程特点和设计意图；

（4）总平面布置和动力能源供应；

（5）施工顺序、交叉施工和主要施工方案；

（6）综合进度和配合要求；

（7）质量目标和保证质量的主要措施；

（8）安全施工的主要措施；

(9)技术供应要求；

(10)技术检验主要安排；

(11)采用的重大技术革新项目；

(12)技术总结项目安排；

(13)已降低成本目标和主要措施；

(14)其他施工注意事项。

4. 专业交底——工地级技术交底

在工程专业项目开工前，工地专责工程师根据专业设计文件、设备说明书、已批准的专业施工组织设计和上级交底内容等资料，拟定技术交底大纲，对本专业范围的各级领导、技术管理人员、施工班组长及其骨干人员进行技术交底，其内容包括：

(1)本专业工程范围及其主要内容；

(2)各班组施工范围划分；

(3)本工程和本专业的工程特点，以及设计意图；

(4)施工进度要求和专业间的配合计划；

(5)本工程和本专业的工程质量目标，以及质量保证体系和运作要求；

(6)安全施工措施；

(7)重大施工方案措施；

(8)质量验收依据、评级标准和办法；

(9)阶段性质量监督项目和迎监措施；

(10)本工程和本专业降低成本目标和措施；

(11)技术供应安排；

(12)技术检验安排；

(13)应做好的技术记录内容及分工；

(14)技术总结项目安排；

(15)其他施工注意事项。

5. 分专业交底——班组级技术交底

施工项目作业前，由项目负责技术人员根据施工图纸、设备说明书、已批准的施工组织专业设计和作业指导书、上级交底有关内容等资料，拟订技术交底提纲，对施工作业人员进行交底。交底内容主要为本项目施工作业及各项技术经济指标和实现这些指标的方案措施，一般包括以下内容：

(1)施工准备、施工范围、工程量、工作量和施工进度要求；

(2)施工图纸解释、设计变更和设备材料代用情况及要求；

(3)质量指标和要求，实现目标和达到质量标准的措施，检验、试验和质量检查验收评级要求、质量标准依据，工艺质量标准和评定办法，技术检验和检查验收要求；

(4)施工步骤、操作方法和新技术推广要求，操作工艺和保证质量安全的措施，重要施工项目的安全施工措施单独编写；

(5)安全文明施工措施；

(6)技术供应情况、施工方案措施；

(7)施工工期的要求和实现工期的措施；

(8)施工记录的内容;

(9)降低成本措施;

(10)其他施工注意事项。

6. 技术交底的管理规定

(1)施工技术交底是施工工序的重要环节,是过程控制的重要手段,必须坚决执行,除施工人员"应知应会"的工序外,未经技术交底,不得施工。

(2)施工开始前,各级技术负责人(项目经理部施工单位总工、工地主任工程师、班组技术人员)进行技术交底。进行各级技术交底时,都应组织参加交底的全部人员认真讨论,使大家充分发表意见,弄清交底内容,必要时,应对交底内容进行补充修改,使其更加完善,涉及已批准的方案的变动,应及时报方案的原审核部门和批准人审核批准。技术交底后,交底人填写《施工技术交底记录》,参加交底的全部人员在《施工技术交底记录》上签名。

(3)施工人员必须按交底要求进行施工,不得擅自变更施工方法,如确实需要更改时,必须更改交底记录内容,并经交底人的签字认可。

(4)技术交底人、技术员以及技术处(科、组)负责技术交底执行情况的监督检查,发现施工人员不按技术交底要求施工时,应立即劝阻,劝阻无效时,有权停止其施工,同时报上级处理。

(5)发生质量、设备或人身安全事故时,事故原因属于交底错误,由交底人负责;属于违反交底要求,由施工负责人或施工人员负责;属违章操作,由施工人员负责。

施工技术交底是施工管理过程中非常重要的一环,是事前控制的主要内容,做好施工技术交底对于顺利完成工程施工任务具有很重要的指导意义。

总之,施工交底准备工作是建筑工程实施阶段非常关键的工作,其涉及的内容多而杂,这里只是从技术角度阐述了施工准备工作的相关知识,对于施工准备这种事前控制性的工作,必须在施工中加以重视,做到有准备、有计划、有预案。

附录二

某砖混结构房屋质量验收检验批划分示例

一、工程概况

建筑概况：建筑面积 4266m²，底层建筑面积 855m²，五层，建筑物长度 52m，宽度 16.6m，层高 3.3m，出屋面设有女儿墙，高 1.2m，建筑物总高 16.7m，设计有两部楼梯。

屋面为非上人屋面，做法为：（由下而上）现浇钢筋混凝土板，40 厚聚苯板保温，1∶8水泥陶粒混凝土，找坡 $i=2\%$，最薄处 30 mm，水泥砂浆找平层，双层共 4 厚 APP 改性沥青防水卷材，115mm×115mm×200mm 高砖磴，495mm×495mm×30mm 预制钢筋混凝土架空，双向 $\phi6@150$ 隔热板。

内装饰：厕所、走道、楼梯1.2m 高，为内墙砖墙面，其他墙面为乳胶漆墙面，天棚为乳胶漆墙面。

门窗：窗为双玻中空塑钢窗，门为木质门。

外墙：聚苯板（XPS）外保温，最外层刷涂料。

地面：厕所贴 300mm×300mm 地面砖，房间贴 600mm×600mm 地面砖，走道、楼梯间及踏步为花岗岩面层。

结构概况：混喷桩做地基处理，基础为钢筋混凝土条形基础，基础垫层为 C15 混凝土，基础防潮层为 1∶3 水泥砂浆加 5% 防水剂，墙体为 MU10 砂浆，砌 M100 灰砂砖。

现浇梁板、构造柱、楼梯，均采用 C25 混凝土，钢筋为 HPB235 级钢和 HRB335 级钢。钢筋的接长采用电弧焊接。

组织施工：按施工组织设计安排，将工程分为两个施工段：A 段和 B 段。

划分原则：

(1)满足施工组织管理，确保工程进度和质量；

(2)满足规范操作要求，确保施工井然有序；

(3)按使用功能分区和防火分区划分的原则；

(4)按自然层划分的原则；

(5)原材料进场按批次和数量划分的原则。

划分检验批的意义和规定：分项工程划分成检验批进行验收有利于及时纠正施工中出现的质量问题，确保工程质量，也符合施工实际需要。多层及高层建筑工程中主体分部的分项工程可按楼层或施工段来划分检验批，单层建筑工程的分项工程可按变形缝等来划分检验批；地基基础分部工程一般划分为一个检验批；地基基础分部工程中的分项工程一般划分为一个检验批，有地下层的基础工程可按不同地下层划分检验批；屋面分部工程中的分项工程，不同楼层屋面可划分为不同的检验批；其他分部工程中的分项工程，一般按楼面划分检验批；对于工程量较少的分项工程，可统一划分为一个检验批。安装工程一般按一个设计系统或设备组别划分为一个检验批。室外工程统一划分为一个检验批。散水、台阶、明沟等含在地面检验批中。

地基基础中的土石方、基坑支护子分部工程及混凝土工程中的模板工程，虽不构成建筑工程实体，但它是建筑工程施工中不可缺少的重要环节和必要条件，其施工质量如何，不仅关系到能否施工和施工安全，也关系到建筑工程的质量，因此将其列入施工验收内容是应该的。

根据《建筑工程施工质量验收统一标准》中第4.0.5条规定："分项工程可由一个或若干个检验批组成，检验批可根据施工及质量控制和专业验收需要按楼层、施工段、变形缝等进行划分"。

本工程为砖混结构五层，检验批划分如下：

地基与基础分部工程可划分为四个子分部工程，共划分为21个检验批。

地基与基础分部、分项工程检验批划分表

序号	子分部工程	分项工程		检验批次
1	无支护土方	土方开挖		1
		土方回填		1
2	地基处理	混喷桩地基		1
3	混凝土基础	模板	模板安装	2
			模板拆除	2
		钢筋	原材料加工	2
			连接、安装	2
		混凝土	原材料配合比	2
			砼施工	2
		现浇结构	外观质量、尺寸偏差	2
4	砖基础	砖基础		2
		水泥砂浆防潮层		2
合　计				21

(1)土方开挖工程划分为1个检验批；

(2)土方回填工程划分为1个检验批；

(3)混喷桩地基划分为1个检验批；

(4)模板分项工程可划分为模板安装和模版拆除2个检验批，两段共计划分为4个检验批；

(5)钢筋分项工程可划分为原材料加工和钢筋连接与安装2个检验批，两段共计划分为4个检验批；

(6)混凝土分项工程可划分为原材料配合比和混凝土施工2个检验批，两段共计划分为 4 个检验批；

(7)现浇构件分项工程可划分为 1 个检验批，两段共划分为 2 个检验批；

(8)水泥砂浆防潮层每个施工段划分为 1 个检验批，两段为 2 个检验批；

(9)砖砌体分项工程每段划分为 1 个检验批，两段为 2 个检验批。

二、主体结构分部工程

主体结构分部工程可划分为 2 个子分部工程，共划分为 82 个检验批。

主体结构分部工程检验批划分表

序号	子分部工程	分项工程		检验批次
1	砖砌体工程	砖砌体		12
2	钢筋混凝土工程	模板工程	模板安装	10
			模板拆除	10
		钢筋工程	原材料加工	10
			连接与安装	10
		混凝土工程	原材料配合比设计	10
			混凝土施工	10
			现浇混凝土(外观、偏差)	10
合　计				82

(一)砖砌体子分部工程

砖砌体子分部工程每层每段为一个检验批，每层划分为 2 个施工段，为 2 个检验批，五层为 10 个检验批，女儿墙为 2 个检验批，合计为 12 个检验批。

(二)钢混凝土结构子分部工程

钢筋混凝土梁板结构子分部工程含 4 个分项工程，共划分为 70 个检验批。

(1)模板分项工程可划分为模板安装和模板拆除，每层每段各划分为 1 个检验批，共计每层模板安装 2 个检验批，模板拆除 2 个检验批，五层共计模板安装 10 个检验批，模板拆除 10 个检验批，合计 20 个检验批。

(2)钢筋分项工程可划分为钢筋原材料加工及钢筋连接和安装，每层每段各划分为 1 个检验批，每层两段钢筋原材料加工为 2 个检验批，五层共计 10 个检验批，钢筋连接与安装 10 个检验批，合计 20 个检验批。

(3)混凝土分项工程可划分为原材料配合比设计和混凝土施工，每层每段各划分为 1 个检验批，共计每层两段原材料配合比设计 2×5＝10 个检验批，混凝土为 2×5＝10 个检验批，合计 20 个检验批。

(4)现浇混凝土构件分项工程(指拆模后对外观质量、尺寸偏差检查)每段各划分为 1 个检验批，五层两段共计划分为 2×5＝10 个检验批。

三、屋面及防水分部工程

卫生间防水每层 2 个检验批，找平层 2×5＝10 个检验批，卷材防水层 2×5＝10 个检验批，细部构造 2×5＝10 个检验批。

屋面卷材防水子分部工程，屋面保温层 1 个检验批，卷材防水层 1 个检验批，找平层 1 个检验批，细部构造 1 个检验批。

屋面刚性防水层子分部工程，细石混凝土防水层 1 个检验批，密封材料嵌缝 1 个检验批，细部构造 1 个检验批。

隔热屋面子分部工程，架空屋面 1 个检验批。

屋面分部工程检验批划分表

序号	子分部工程	分项工程	检验批次
1	卫生间卷材防水	找平层	10
		卷材防水层	10
		细部构造	10
2	屋面卷材防水	保温层	1
		找平层	1
		卷材防水层	1
		细部构造	1
3	刚性防水	细石混凝土防水层	1
		密封材料嵌缝	1
		细部构造	1
4	隔热屋面	架空屋面	1
合　　计			38

四、建筑装饰装修分部工程

建筑装饰装修分部工程含地面、抹灰、门窗、面砖、涂饰、细部六项子分部工程，合计 62 个检验批。

装饰装修分部工程检验批划分表

序号	子分部工程	分项工程	检验批次
1	地面	找平层	3
		花岗岩地面	7
		600×600 地砖地面	5
		300×300 地砖地面	5

序号	子分部工程	分项工程	检验批次
2	抹灰	一般抹灰	5
3	门窗	木门窗制作与安装	5
		塑料门窗安装	5
		门窗玻璃安装	5
4	饰面砖	面砖	10
5	涂饰	水性涂料涂饰(内墙乳胶漆)	5
		水性涂料涂饰(外墙乳胶漆)	5
6	细部	护栏和扶手制作与安装	2
合　　计			62

(1)地面子分部工程基层(各构造层)和各类面层的分项工程的施工质量验收应按每一层次或每层施工段(或变形缝)作为检验批,本工程地面找平层划分为 3 个检验批,分别为一楼走道、一楼卫生间、一楼室内地面。面层分为 300×300 地面砖,每层一个检验批,共 5 个检验批,600×600 地面砖,每层一个检验批,共 5 个检验批,花岗岩地面每层一个检验批,共 5 个检验批,两部楼梯共 2 个检验批,合计 17 个检验批;

(2)抹灰子分部工程的一般抹灰每层 1 个检验批,共 5 个检验批;

(3)门窗子分部工程,木门窗制作与安装每层 1 个检验批,共 5 个检验批,塑料门窗安装每层 1 个检验批,共 5 个检验批,门窗玻璃安装每层 1 个检验批,共 5 个检验批;

(4)饰面砖子分部工程,卫生间面砖每层 1 个检验批,共 5 个检验批,走道面砖每层 1 个检验批,共 5 个检验批,合计 10 个检验批;

(5)涂饰子分部工程,内墙乳胶漆每层 1 个检验批,共 5 个检验批,外墙乳胶漆每层 1 个检验批,共 5 个检验批,合计 10 个检验批;

(6)细部子分部工程,护栏和扶手制作与安装每部楼梯为 1 个检验批,共 2 个检验批。

另外,根据《建筑节能施工验收规范》(GB50411—2007)的规定,外墙保温属于建筑节能分部工程中的墙体分项节能工程,整个建筑节能是按照分部工程进行内业整理,而且要求建筑节能分部工程进行先行验收合格后才能进行其他分部工程和单位工程的验收。

说明:检验批的划分还必须符合专业建筑施工规范的规定,例如,钢筋工程中的不同种类的钢筋、不同批次的钢筋以及同一种钢筋按照进场的质量进行检验批的划分。同时,检验批的划分也有一定的灵活性,有时可以将一定量的标准层作为一个检验批进行划分。总之,必须灵活掌握施工规范对检验批的划分原则进行。

附录三

砌筑工实训指导书、任务书

砌筑工种操作实训任务书、指导书

专业年级：＿＿＿＿＿＿＿＿＿＿＿＿

实训项目：　　砌筑工种操作　　

指导老师：＿＿＿＿＿＿＿＿＿＿＿＿

实训时间：＿＿＿＿＿＿＿＿＿＿＿＿

教研室主任签字：　　　　　　　　　　　　　年　月　日

系(部)分管领导签字(盖章)：　　　　　　　　年　月　日

项目名称	砌筑工种操作			
适用专业	建筑工程技术	实施学期	第五学期	总学时	1 周
项目类型	实训操作	项目性质	操作	考核形式	考查

一、实训教学目的与基本要求

砌筑工程施工实训是在学生学习了"建筑材料"、"建筑力学"、"建筑测量"、"建筑施工技术"等课程的部分内容后进行的生产性实训。本技能操作训练以实际应用为主，重在培养学生的实际操作能力，目的是让学生通过模拟现场施工操作，获得一定的施工技术的实践知识和生产技能操作体验。通过本技能操作训练，使学生通过具体的现场砌筑操作训练，获得一定的生产技能和施工方面的实际知识，提高学生的动手能力，培养、巩固、加深、扩大所学的专业理论知识，为毕业实习和以后的工作打下必要的基础。

二、实训教学的内容、任务

(一) 内容

1. 砌筑材料及工具

认识砌筑工具，如瓦刀、线、线锤、皮数杆等；

认识砌筑材料，如砖、新型砌块、砂、水泥、砌筑砂浆，了解砂浆的拌制方法。

2. 砖墙、柱、基础的常见组砌方法

认识 240 砖墙砌筑方法，如三顺一丁、一顺一丁、梅花丁等。

认识 370×370、370×490、490×490 砖柱的组砌方法，认识什么是包心砌法及其危害。

认识基础大放脚的砌筑方法及要求。

3. 模拟砌筑

一带窗、垛的砖墙，或一独立砖柱，留设构造柱的一段砖墙的放线、砌筑(墙高 ≥ 1.2m，墙长 3.6 ~ 4.2m，留转角、构造柱(放置拉结筋，入墙 1m)、留槎)。指导教师可以另外进行任务设计。

4. 质量检查验收

要求做到砌体灰缝横平竖直、砂浆饱满、错缝搭接。

(二) 任务

以小组为单位(以 6 ~ 8 人为一组)，在规定时间内完成规定的内容。

三、砖墙砌筑步骤

(1) 做好技术准备、工具准备；

(2) 做好材料准备；

(3) 据图放线；

(4) 摆砖；

(5) 选砖排砖撂底；

(6) 选砖盘角，立皮数杆；

（7）挂通线砌墙身；

（8）丁砖压顶；

（9）清理场地。

四、实训时间安排、地点

项目	实 习 内 容		时 间		实训地点
			天	周	
砌筑实训	1	材料等准备工作	1		实训基地
	2	砌筑	3	1	
	3	检查评定	1		

五、成绩考核方式和实训教学的组织管理

（一）成绩考核方式

对实训操作成果进行检评打分，考核项目及评分标准详见后述"砖墙砌筑考核项目评分标准"表和"实训工作日志"。

砖墙砌筑考核项目评分标准

班级：_____ 组别：_____

序号	项目名称	允许偏差	评 分 标 准	分值	得分
1	组砌方法		上下错缝、内外搭接	10	
2	轴线偏移	±10mm/10m		10	
3	斜槎留置		斜槎水平投影长度≮斜槎高度的2/3	5	
4	墙面平整度	±8mm		10	
5	垂直度	±5mm/2m		10	
6	水平灰缝平直度	±10mm/10m		10	
7	水平灰缝厚度	±10mm/10 皮		10	
8	水平灰缝饱满度	≥80%		10	
9	构造柱的留置与拉结筋		构造柱留置及组砌正确，拉结筋放置正确	10	
10	安全文明施工		无事故，工完场清	10	
11	工效			5	
12		总得分			

组长：

其他成员：

实训工作日志

班级			组别		实训项目	

201 ~201 学年 第 学期 第 周 年 月 日

	姓名	进场时间~离场时间	实训内容	
上午	1.			
	2.			
	3.			
	4.			
	5.			
	6.		实训小结	
	7.			
	8.			
	姓名	进场时间~离场时间	实训内容	
下午	1.			
	2.			
	3.			
	4.			
	5.			
	6.		实训小结	
	7.			
	8.			

(二)成绩评定

成绩由指导教师根据每位学生的实训日记、实训报告、操作成果得分情况以及个人在实训中的表现进行综合评定。

实训日记、实训报告：30%(按个人资料评分)；

砌筑实训：70%(按组评分)。

个人在实训中的表现分为四等，具体等级及得分系数为：积极认真($\times 1.0$)、一般($\times 0.85$)、差($\times 0.7$)、很差($\times 0.5 \sim 0$)。

(三)实训教学的组织管理

1. 实训指导方式

指导教师以集中讲解、分步指导、巡视检查的方式进行指导。

每个班级安排两名实训指导教师进行指导。

2. 实训组织管理

由系领导、实训指导教师、实训班班主任组成实训领导小组，全面负责实训工作。

以班级为单位，班长全面负责，下设若干个小组（以 6~8 人为一组），各组设组长 1 名，组长负责本组同学实训事务工作（包括纪律监督、事务联系、集合等）。

实训态度和纪律要求如下：

（1）学生要明确实训的目的和意义，重视并积极自觉地参加实训；

（2）实训过程需谦虚、谨慎、刻苦、好学、爱护国家财产，遵守国家法令，遵守学校及施工现场的规章制度；

（3）服从指导教师的安排，同时每个同学必须服从本组组长的安排和指挥；

（4）小组成员应团结一致、互相督促、相互帮助，人人动手，共同完成任务；

（5）遵守学院的各项规章制度，不得迟到、早退、旷课，点名 2 次不到者或请假超过 2 天者，实训成绩为不及格。

在实训过程中应按指导书上的要求达到实训的目的。学生必须每天编写实训日记，实训日记应记录当天的实训内容、必要的技术资料以及所学到的知识，实训日记要求当天完成，除有正当理由外，不允许迟交，字数不少于 300 字，下晚自习前交由各组组长收集、检查、汇总，于第二天上午上交实训指导老师。

实训过程结束后两天内，学生必须上交实训总结。实训总结应包括实训内容、技术总结、实训体会等方面的内容，要求字数不少于 2000 字。

学生每天实训前，在"实训工作日志"上签到，组长每天在"实训情况"栏中记录自己小组当天的实训内容、实训情况，并在"小结"栏中对自己小组当天的实训情况做简单总结。

六、实训学生分组名单

应附上实训学生的分组名单（可另附页）。

参 考 文 献

[1] 建筑施工手册编写组. 建筑施工手册. 第四版. 北京：中国建筑工业出版社，2003.

[2] 陈守兰. 建筑施工技术. 第三版. 北京：科学出版社，2005.

[3] 姚谨英. 建筑施工技术. 北京：中国建筑工业出版社，2003.

[4] 建筑抗震设计规范(GB50011—2010).

[5] 混凝土结构设计规范(GB50010—2011).

[6] 砌体结构设计规范(GB50003—2011).

[7] 建筑地基基础设计规范(GB50007—2011).

[8] 建筑地基基础技术规范(DB42/242—2003).

[9] 建筑工程施工质量验收统一标准(GB50300—2001).

[10] 建设工程项目管理规范(GB/T50326—2006).

[11] 建筑地基基础工程施工质量验收规范(GB50202—2002).

[12] 砌体结构工程施工质量验收规范(GB50203—2011).

[13] 混凝土结构工程施工质量验收规范(GB50204—2002).

[14] 屋面工程质量验收规范(GB50207—2012).

[15] 钢筋机械连接通用技术规程(JGJ107—2010).

[16] 建筑工程测量规范(GB50026—2007).

[17] 砌体基本力学性能试验方法标准(GB/T50129—2011).

[18] 粉煤灰混凝土应用技术规范(GBJ146—90).

[19] 混凝土质量控制标准(GB50164—2011).

[20] 砌体工程现场检测技术标准(GB/T50315—2011).

[21] 蒸压加气混凝土应用技术规程(JGJ/T17—2008).

[22] 钢筋焊接及验收规程(JGJ18—2003).

[23] 钢筋焊接接头试验方法(JGJ/T27—2001).

[24] 建筑施工高处作业安全技术规范(JGJ80—91).

[25] 砖墙结构构造(烧结多孔砖与普通砖、灰砂砖)(04G612).

[26] 民用多层砖房抗震构造(03ZG002).

[27] 武汉市建筑施工现场安全质量标准化达标实施手册.

[28] 建筑工程安全生产管理条例(国务院393号令).

[29] 建筑施工扣件式钢管脚手架安全技术规范(JGJ130—2011).

[30] 专职安全生产管理人员配备办法(建质[2008]91号).

[31] 建筑施工模板安全技术规范(JGJ162—2008).